i

为了人与书的相遇

量子力学
怪也不怪

Beyond Weird

Why everything
you thought you knew about
quantum physics is different

Philip Ball

[英]菲利普·鲍尔 著

丁家琦 译

广西师范大学出版社
·桂林·

著作权合同登记图字：20-2021-324

图书在版编目(CIP)数据

量子力学，怪也不怪 /（英）菲利普·鲍尔著；丁
家琦译 . — 桂林：广西师范大学出版社，2022.1
书名原文：Beyond Weird：Why Everything You
Thought You Knew about Quantum Physics Is
Different

ISBN 978-7-5598-4566-5

Ⅰ . ①量… Ⅱ . ①菲… ②丁… Ⅲ . ①量子力学 – 普
及读物 Ⅳ . ① O413.1-49
中国版本图书馆 CIP 数据核字 (2021) 第 266961 号

广西师范大学出版社出版发行

广西省桂林市五里店路9号　邮政编码：541004
网址：www.bbtpress.com

出 版 人： 黄轩庄
全国新华书店经销
发行热线：010-64284815
山东新华印务有限公司印刷

开本：1168毫米 × 850毫米　1/32
印张：12　字数：220千字
2022年1月第1版　2022年1月第1次印刷
定价：66.00元

如发现印装质量问题，影响阅读，请与出版社发行部门联系调换。

邂逅量子，就像一名来自遥远大陆的探索者第一次见到汽车一样。它当然是为了某种用途被造出来的，而且还是很重要的用途，但到底是什么用途呢？

——约翰·阿奇博尔德·惠勒

在（量子理论的）某处，现实与我们对现实的知识之间的区别消失了，其结果是，这一理论变得更像中世纪的巫术，而不是科学……

（量子力学）是一种特殊的混合物：它描述的一部分是大自然的真实，一部分是人类掌握的关于大自然的不完备的信息——海森堡和玻尔把它们搅和了起来，没有人知道如何厘清。

——埃德温·杰恩斯

我们永远不能忘记这一点："真实"，同"波"和"意识"一样，也是人造的词语。我们的任务则是学会正确地，也即毫无歧义且连贯一致地使用这些词。

——尼尔斯·玻尔

关于量子力学，最重要的教训或许就是，我们需要批判性地重新审视我们关于大自然的最基本假设。

——亚基尔·阿哈罗诺夫等人

我希望你能接受大自然本身的样子：就是荒谬。

——理查德·费曼

目　录

01

没人能说出量子力学意味着什么

（这本书讲的就是这个）

我认为我可以有把握地说，没有人懂量子力学。

理查德·费曼在 1965 年如是说。同年，他获得了诺贝尔物理学奖，表彰他在量子力学方面的工作。

为防大家不理解这句话的含义，费曼以其人人能懂的精妙表述风格把这句话讲了个透。"我生下来的时候并不懂量子力学，"他愉快地说，"（而）我现在仍然不懂量子力学！"这个人刚刚被授予了该领域至高无上的专家头衔，却坦承自己对量子力学一无所知。

那我们其他人还有什么希望呢？

费曼这句被引用多次的话，巩固了量子力学在所有科学中最是深奥难懂的名声。量子力学已经成为"参不透的

我认为我可以有把握地说，

没有人懂量子力学。

科学"的象征，就像爱因斯坦（他为量子力学的创立做出了重要贡献）是科学天才的代表一样。

　　显然，费曼并没有说他不能研究量子理论。他的意思是，他也只能研究研究而已。他可以从容应付其中的数学计算——毕竟他本人也发明了其中一些数学形式。这都不是问题。当然，我们也不能假装量子力学中的数学很容易，

量子力学，怪也不怪

如果你从来都不擅长数字，那量子力学领域的工作不适合你。但在这种情况下，流体力学、人口动态学和经济学也不适合你，因为头疼于数字的人一样会觉得它们高深莫测。

但让量子力学如此难懂的，并不是数学方程，而是它的思想。面对这些思想，我们的脑袋完全转不过弯，哪怕费曼也不能。

费曼承认，他不能理解的是量子力学中的数学意味着什么。数学计算产生了数字，即各种定量的预测，它们可以被实验检验，最终也全都经受住了实验的检验。但费曼不明白这些数字和方程究竟在说什么，即它们表达了关于"真实世界"的什么信息。

有一种观点认为，量子力学完全没有表达任何关于"真实世界"的信息。它们只是虚构出来的有用工具，一种"黑匣子"，我们可以用它非常可靠地进行理工研究。另一种观点认为，数学之外的"真实世界"这一提法本来就没有意义，无须浪费时间思考。或许，我们只是还没有找到合适的数学形式来回答量子力学到底要描述什么样的世界这个问题。又或许，按某些说法，数学告诉我们的是，"所有可能发生的事情都会发生"——不管这句话是什么意思。

这本书就是要探讨量子力学中的数学究竟意味着什么。你将愉快地看到，我们无须了解很深奥的数学，就能探讨这一问题。哪怕是这本书里包含的很少的数学内容，如果你愿意，都可以跳过不读。

我不是说这本书能给你一个答案——这个问题还没人有答案（有些人可能认为自己有答案，但这种"认为"就跟有些人对待圣经一样：他们的真理都基于信仰，而非证明）。不过，与费曼承认自己无知的那个时候相比，我们已经有了更好的问题，这已经是很大的进步了。

我们可以确定的是，从20世纪末以来，至少在深入思考量子力学含义的那群人眼里，量子力学的表述方式已经有了显著的变化。量子理论彻底改变了我们对原子、分子、光，以及它们之间的相互作用的概念，但这场变革并不是突然发生的，而且在某种意义上，它如今依然在发生过程之中。变革始于20世纪头十年，而到了20世纪20年代，它已经产生了一系列行之有效的方程和思想。然而，直到20世纪60年代，我们才开始瞥见这一理论最基本也最重要的部分，一些关键的实验直到20世纪80年代才变得可行，其中有几项更是在21世纪才得以实现。直到如今，我们仍然在尝试理解量子力学的核心思想，也仍在检验其在极限条件下的现象。如果我们想要一个被充分理解的理论，而非仅仅用它来进行出色的计算，那可以说，我们至今都还不算真的拥有一个量子理论。

真正的量子理论看起来可能是什么样的？本书的目标就是对如今人们在这个问题上的最佳猜测做一介绍——假如真正的量子理论存在的话。看起来，在关于世界的深层构造方面，这个理论很可能会动摇我们一直视为理所当然的大部分乃至全部内容。这个世界远比我们以前想象的更陌生，也更充满挑战。在这里，不仅有各种不同的物理学规则在施用，我们也被迫重新思索物理世界究竟意味着什么，以及在尝试探索它时，我们认为自己在做什么。

在讨论这些新观点时，我希望强调两点，这两点都是从这场探索量子力学基础的"现代文艺复兴"——一个恰如其分的措辞——中演生（emerge）出来的。

其一，人们频繁提起的量子物理学的"怪"，并不是量子世界本身的怪异性，而是来自我们在尝试用图像或故事来呈现它的时候带来的扭曲（这很可理解）。量子物理学确实违反直觉，但称其为"怪"，也有失公平。

其二，也是更糟的一点，"怪"这个词在关于量子力学的科普甚至专业表述中如此招摇过市，却并没能帮助我们表达量子力学真正的革命性，反而掩盖了它。

某种意义上，量子力学一点儿都不难。它令人困惑、令人惊讶，现在也确实在认知上无法参透。但这并不意味着它像维修汽车或者学习冷门外语一样难（在这两件事上我都有痛苦的经历）。很多科学家认为这一理论很容易接受、掌握并应用。

与其强调它有多难，我们更应该把它看作一个对我们想象力的挑战，它令人着迷、令人疯狂，甚至令人发笑。

它挑战的确实是我们的想象力。我猜想，在更宽泛的文化语境下，我们已经开始欣赏量子力学拓展的想象力空间了。艺术家、作家、诗人和剧作家都开始吸收并运用量子物理学的思想，如汤姆·斯托帕德的《霍普古德》、迈克尔·弗雷恩的《哥本哈根》等戏剧，珍妮特·温特森的《越过时间的边界》和奥德丽·尼费尼格的《时间旅行者的妻子》。关于这些作者对这些科学思想理解是否准确、运用得是否得当，或许会有争论，但有这些关于量子力学的充满想象力的作品总是好的，因为很有可能只有足够宽广而自由的想象力才能帮我们阐释量子力学的意义。

毫无疑问，量子力学描述的世界违反我们的直觉，但"怪"并不是一个特别有用的说法，因为这个世界也是我们所在的世界。关于我们所熟悉的世界——物体拥有清晰定义的性质和位置，不依赖于我们的测量——是如何从量子世界中演生出来的，我们已经有了一个不错的描述，然而还不完整。换句话说，这种"经典"世界只是量子理论的一种特殊情况，而非与之截然不同的东西。非要说什么

量子力学，怪也不怪

是"怪"的，那怪的只能是我们。

•

说量子力学很怪，大概有以下几个最常见的理由。我们被告知，量子力学这么说：

· 量子物体可以同时既是波又是粒子，这叫作"波粒二象性"。

· 量子物体可以同时处于不止一个"态"（state）：比如说，它们可以同时既在这里，又在那里。这叫作"叠加态"。

· 你不能同时准确地知道同一个量子物体的两个性质，这是"海森堡不确定性原理"。

· 量子物体可以越过很长的距离相互影响，这就是所谓的"幽灵般的超距作用"，这种表现来自"量子纠缠"现象。

· 你去测量任何物体的时候都不可能不干扰到它，因此我们无法把人类观察者排除在量子理论之外：量子理论不可避免地带有主观性。

· 一切有可能发生的事情都会发生。如此宣称有两个理由，其一来自费曼等物理学家建立的（没有争议的）量子电动力学（quantum electrodynamics），其二来自（充满争议的）量子力学的"多世界诠释"。

但以上这些，量子力学都没有讲过。实际上，关于"事物是怎样的"，量子力学什么都没说过，它只说了我们在进行特定的实验时可以抱有怎样的预期。以上所有这些宣称，都只是基于量子理论的"诠释"。在本书中，我将探索这些诠释在多大程度上是好的（并就"诠释"可能意味着什么，努力让读者至少有一丝丝体会）——但我现在就可以说，上述的所有诠释都称不上特别好，有些甚至有很大的误导性。

问题是我们能否做得更好。不管答案如何，如今的我们在量子力学的诠释方面接收到的信息都太狭隘而陈腐了。流俗的种种图像、比喻和"解释"不仅已是陈词滥调，而且还可能掩盖量子力学违反我们期望的深刻程度。

这种情况也很可理解。不借助故事，我们几乎根本无法讨论量子理论；我们须用比喻，让自己牢牢站在这片湿滑的地面上。但我们太过经常地错把这类故事和比喻当成事情本身了。我们之所以能表达出这些故事和比喻，是因为它们有日常特色作为其缓冲：量子规则被硬塞进了我们日常世界中熟悉的概念——但恰恰是这些日常概念，到了量子环境下就不再适用了。

•

　　　　　量子力学，怪也不怪

一个科学理论竟然需要诠释，这本身就很奇怪。通常，在科学中，理论与诠释都是以一种相对透明的方式联系在一起的。当然，一个理论可能会有一些言外之意，它们并不显而易见，需要陈说清楚，但基本的言内之意是一看就能明白的。

就拿查尔斯·达尔文的自然选择演化论为例。演化论的研究对象是相对清晰的，就是有机体和物种（虽然实际上准确界定可能有点儿困难），而理论对于物种如何演化也讲得十分清楚。物种的演化依赖两个关键成分：其一是物种的性状中出现随机且可遗传的突变，其二是对有限资源的竞争让带有特定性状的个体产生了繁殖优势。这一思想在实际层面上如何施行——如何"翻译"到基因层面，如何受不同的种群大小或不同的突变率等因素影响——十分复杂，至今人们也没有完全弄清楚。但我们要理解这个理论的言内之意，无须大费周章。我们可以用日常生活的语言把理论的组成部分与言外之意都写下来，除此之外就没有其他要说的东西了。

而费曼似乎觉得，要找到任何可以与量子力学相比的事物都不可能，甚至无意义：

我们不能假装理解它，因为它违反了我们所有的常识概念。我们能做到的最好结果，只有在数学上用方程来描述事件，这已经很难了。更难的是尝试确定方程意味着什么。这是最难的。

大部分使用量子力学的人并不太担心这些问题。用康奈尔大学物理学家戴维·默明的话说，他们"闭上嘴，只管算"。* 几十年来，量子理论首要地被认为是一套可以精确且可靠地描述物理现象的数学工具，能解释分子的形状与行为、电子晶体管的工作原理、大自然的颜色和光学定律，以及其他许许多多东西。它通常被称为"原子世界的理论"：它描述的是我们用显微镜能看到的最小尺度上的世界的模样。

另一方面，对量子力学的诠释进行讨论，似乎只适合成为喝啤酒时的闲聊，或者功成名就的大人物们的会客室游戏。甚至更糟：直到几十年前，公开表示自己对这一话题有严肃兴趣，对年轻物理学家而言还堪比自我断送职业生涯。只有一小群科学家和哲学家在特立独行地、甚至说

---

* 很多人以为这句话是费曼说的，其实不然。把这句话当成费曼说的人太多，以至于默明本人都怀疑他自己这句俏皮话是无意识地重复了费曼的观点。不过，费曼并不是唯一擅长量子格言的物理学家，我们之后就会了解到这一点。（如无特别说明，本书脚注皆为作者注）

古怪乖张地坚持追寻答案。许多研究者听到关于量子力学的"意义"的讨论时只会耸耸肩或者翻个白眼，说："反正也没人弄得懂它！"有的人至今依然如此。

这些人的态度与阿尔伯特·爱因斯坦、尼尔斯·玻尔和与他们同时代的人差异巨大。爱因斯坦等人执着于努力克服量子力学表面上的古怪之处；对他们来说，量子力学的意义非常重要。1998年，美国物理学家、现代量子理论的先驱约翰·惠勒曾哀叹，20世纪30年代存在于空气中的"绝望的困惑"已经消失了。"我想再次找回那种感觉，哪怕这是我在世上所做的最后一件事。"惠勒说。

在让探索量子力学的意义这一离经叛道的倾向重获接受，甚至变得流行起来这方面，惠勒确实发挥了相当的影响。对量子力学的各种选择、诠释及意义的讨论，不再只是个人的偏好或是抽象的哲学。如今，我们哪怕仍然说不出量子力学到底意味着什么，也至少可以更清楚而准确地指出它不意味着什么。

重启对"量子意义"的探讨，部分原因是我们如今可以做实验来探测一些基本问题，这些问题之前只能停留在思想实验阶段，处于形而上学的边缘——而这种思考模式是很多物理学家多多少少都鄙弃的。如今，我们可以实际检验量子悖论和谜题，包括其中最著名的"薛定谔的猫"。

这些实验，可列于古往今来最精巧的构思之中。通常它们在实验台上即可进行，使用的都是相对不太贵的设备——激光、透镜、平面镜，但足以媲美"大科学"领域中的一切。这些实验的内容包括捕捉并控制原子、电子或光量子，有时或许一次只控制一个，并对它们进行最精密的检测；有些实验需要在外太空进行，以避免引力的干扰；有些实验需要把装置冷却到比星际空间还低的温度。有的实验可能会产生全新的物质状态；有的实验会实现某种"远距传送"；有的实验会挑战海森堡不确定性原理；有的实验会表明不仅因会导致果，有时果还会导致因，或者因和果完全搅成一团。这些实验将揭开量子力学的神秘面纱，并向我们展示（如果展示了）量子力学看似平淡可靠，实则善变无常的方程后面的本质。

这方面的工作已经赢得了诺贝尔奖，并且还将赢得更多。实验揭示的结果总归是非常清晰的：量子力学表面上的怪异性、悖论和谜题，都是真的。如果不能和这些怪异的悖论、谜题缠斗，我们就不能期望搞清楚世界的构成。

或许其中最令人激动的是，既然我们现在可以设计实验来探索使过去看似不可能的情形成为可能的量子效应，那我们如今也能利用起来这些"把戏"。我们会发明新的量子技术，以前所未见的方式操控信息，从而可以传送无

量子力学，怪也不怪

法被暗中窃听的安全信息，或进行普通电脑无法企及的计算。正因此，我们很快就必须面对如下事实：量子力学不是什么怪物，埋在世界上某个看不见的遥远地方，而是我们目前发现自然规律的最有力武器，它带来的结果正呈现在我们面前。

过去一二十年，此类针对量子理论最基本层面的研究给我们带来的最强烈启示是，这个理论关乎的不是粒子还是波、离散性、不确定性、模糊性等，而是"信息"。这一新视角给量子理论提供了远比"行为怪异的物体"更深远的前景。应该说，量子力学关乎的是我们足可称为"实在观"的方面，它甚至不仅仅是在探讨"哪些内容可知，哪些又不可知"的问题，它还推动我们去探索一个"可知理论"看起来会是什么样的。

这样的图景也不能解决量子力学从不少方面挑战我们的直觉这一问题，这一点我无意向读者隐瞒。应该说很可能没有什么方法能解决这个问题。而且讨论"量子信息"也带来了新的问题，即特定的信息是什么或者关于什么，因为信息并不像苹果（某种情况下甚至是原子）等实物那样，你可以指着它。我们日常使用"信息"一词的时候，它都不可避免地带有语言和意义方面的考虑，因此也就有了一种语境。物理学家定义的信息并不符合这种用法，比如随机性最大时信息量最高；而在量子力学中，针对这样的深奥定义会如何影响"我们知道什么"这一关键问题，也有不少艰深话题。因此，我们并没有得到全部答案，但我们至少有了更好的问题，这在某种意义上也是进步。

·

你可以看到，在讨论这些问题的时候，我已经很难找到合适的语言了。这没关系，你会逐渐习惯的：讨论量子力学就是这样。如果讨论的事情很容易用语言表述，那说明我们探讨得还不够深（你会发现，科学家也会为此自责）。"我们悬浮在语言之中，以至于我们说不出哪个方向是上，哪个方向是下。"玻尔如是说。在量子力学方面，他想得比他同时代的任何人都要深。

对量子力学的通俗表述中总是不免有这类说法："这个比方并不完全准确，但……"，然后随之而来的通常就是一系列包含着玻璃弹珠、气球、砖墙或类似东西的图像比喻，这几乎成了一个圈内笑话。当然，对于书呆子来说，世上最容易的事就是说"啊，其实并不是这样的"，但这也不是我的目的。玻璃弹珠、气球、砖墙这类精心打造的乏味图景往往适合作为旅程的起点，我自己有时也会求助于它们。有时候，如果不想埋头钻进数学表达的细节，我们也只能寄希望于这类不完全准确的类比。就算是该领域的专家，在没有准备好理解所有纯抽象的内容时，有时也只得接受这类图景。费曼就是如此，我也满足于此。

然而，只有抛弃这些精神"拐杖"以后，我们才能开始看到为什么我们需要更严肃地对待量子力学。我不是说我们每个人都需要极为一本正经地看待它（费曼就不这样），但我们应该准备好为它抱有更多的不安。我几乎还没碰到量子力学的皮毛，因此我就感到不安。玻尔又一次完全理解这一点。他曾给一群哲学家做了一次关于量子力学的报告，而让他感到失望甚至沮丧的是，那群人就只是一直坐在那里，全盘接受了他讲的话，而没有激烈地反驳。"如果一个人第一次听到'作用量子'（即量子理论）时不觉得头晕目眩，他肯定一个字也没听懂。"玻尔说。

我是希望大家不要过于担忧量子理论的意义，但也不是让大家对此漠不关心。可是，关于量子理论怪异性的文章，在科普杂志和论坛里几乎都是阅读量最高的，关于这一主题也已经有很多书籍*可以阅读了，为什么还要抱怨我们操心得还不够呢？

----

* 许多书籍都很优秀，但作为入门，最好还是从哈里里（Jim Al-Khalili）的"瓢虫专家"（Ladybird Expert）系列的《量子力学》（*Quantum Mechanics*）这本开始。

因为这一问题往往被处理得好像"不是我们的问题"。阅读量子理论的内容，经常让人有一点阅读人类学的感觉：它给我们展示了一片遥远的土地，那里有着奇怪的习俗。我们很习惯自己所在世界的行事方式，"怪"的是别的世界。

然而这种视角是狭隘的，甚至是冒犯性的，就好像我说新几内亚某部落的习俗很"怪"，只因为那不是我的习俗。此外，这也低估了量子力学。一方面，我们对量子力学的了解越深，就越能意识到，我们熟悉的世界与量子世界并非泾渭分明，而是，前者是后者的结果。另一方面，如果在量子力学背后还有一个更"基本"的理论，它大概仍然必须保留让量子世界在我们看来如此奇怪的那些本质特征，只是会把这些特征拓展到更广的时空范围里。很可能整个世界一直都是量子的。

量子物理学暗含了，世界来自一个非常不同于我们常规认知中的"粒子构成原子，原子构成恒星和行星"的地方。当然，这样的过程仍然存在，但孕育此种过程的基本结构却是由无视传统表达方式的规则所主宰的。意指这些规则破坏了我们关于"什么是真实"的概念，也是老生常谈了，但我们至少能以新的眼光去有意义地重新审视这些老生常谈。物理学家伦纳德·萨斯坎德说："在接受量子力学的过程中，我们逐渐接受了另一种与经典观念截然不同的实在观。"他这句话并没有夸张。

请注意：是另一种实在观，而非另一种物理学。如果你想要的只是另一种不同的物理学理论，你就可以看看（比如说）爱因斯坦的狭义和广义相对论：在相对论中，运动和引力会使时间变慢，让空间弯曲。这不太容易想象，但我赌你能想出来。你只需要想象时间流逝得更慢，距离也在收缩——在你的直角坐标系网格里收缩就好。你可以用语言来描述这些想法。而在量子理论中，语言并不是好用的工具。我们可以给物体和过程命名，但它们只是标签而已，背后的概念永远无法通过除了它们本身以外的任何术语来恰当、准确地表达。

到这里，新的实在观就要出场了。如果真的要采取一种截然不同的实在观，我们就需要一些哲学。许多科学家，包括我们之中的很多人，采取的是一种看似实用，其实幼稚的实在观：实在，就是一直在那里，我们可以看见、触碰和影响的东西。但哲学家——从柏拉图和亚里士多德直到休谟、康德、海德格尔和维特根斯坦——很久以前就意识到，这种实在观背后有着太多想当然的东西，需要我们更仔细地审视。想诠释量子力学，就需要这种审视，这就逼着科学去认真对待哲学家已经在很深、很精微的程度上争辩了数千年的问题：什么是实在？什么是知识？什么是存在？面对这些问题，科学家总有一种约翰逊式*的不耐烦，就好像它们要么不言自明，要么是无用的诡辩。但显然，这些问题是有意义的。如今，一些量子物理学家已经乐于考虑哲学家过去和现在对量子力学的看法。这一领域用"量子基础"（quantum foundations）一词来描述更为恰当。

●

那真像玻尔说的那样，我们注定要永远"悬浮在语言之中"，不能分辨是上是下吗？有些研究者乐观地认为，相反，我们或许最终可以通过——用他们中某人的话来说——"一套简单且符合物理直觉的原理，以及一系列与之匹配的可信故事"来表达量子理论。惠勒曾宣称，我们如果真正了解了量子理论的核心点，就应该能用简单一句话把它表达出来。

然而，没人能保证这一点。未来的实验也不太可能消除量子理论中所有反直觉的方面，揭示出一种像老派的经典物理学那样实实在在、"符合常识"又令人满意的理论。实际上，我们很可能永远无法说出量子理论"意味着什么"。

---

* 指塞缪尔·约翰逊（Samuel Johnson，1709—1784），英国史上著名的文学批评家。——译注

我很小心地选取了上一句话的措辞。不是说就是（或必然）没人会知道量子理论意味着什么，相反，我们的问题在于，我们会发现人类的词语、概念以及根深蒂固的认知模式，都不适于表述量子力学的意义。戴维·默明对此有一套精妙的表述，用来形容很多物理学家对尼尔斯·玻尔本人的感觉——玻尔是他们的精神领袖，对事物有着近似神秘主义一般的理解，哪怕他的话含义隐晦到令人抓狂，物理学家们还是忍不住思考至今。默明写道：

> 偶尔有一些瞬间，我觉得自己好像真的要开始理解玻尔到底在说什么了。有时这种感觉会持续很久。它有点儿像一种宗教体验。让我真正感到担忧的是，如果我走在了正确的轨道上，那也许在某一天，或许就在不久之后，整件事对我来说就会突然变得显而易见，从那时起我就知道玻尔是对的，但我却不能跟任何人解释为什么。

在那种情况下，或许我们唯一能做的就是"闭上嘴，只管算"，不管剩下的人怎么看，只当那是趣味差异。但我认为我们可以做到更好，至少应该有些志气。或许量子力学把我们推向了我们的认识和理解的极限，那样的话，我们来看看能不能拉回来一点儿。

02

量子力学其实并不关乎量子

把量子力学当成一部长篇史诗来讲述的诱惑力是很难抵抗的。这是多么伟大的传奇啊：20世纪伊始，物理学家如何开始意识到，世界的结构与他们此前设想的大为不同；这一"新物理学"如何逐渐呈现出古怪的意涵；量子力学的各位奠基人如何疑惑、争论、构思、推测，好努力得到一个能解释所有这些怪现象的理论；人们曾经认为精确而客观的知识又是如何变得偶然、不确定，并依赖于观测者。

再看看出演这场传奇的阵容！阿尔伯特·爱因斯坦、尼尔斯·玻尔、维尔纳·海森堡、埃尔温·薛定谔，还有其他经历丰富、智力超群的巨人，如约翰·冯·诺伊曼、理查德·费曼和约翰·惠勒。而其中最值得讲述的，当然是爱因斯坦和玻尔之间长达数十年的、大体富有建设性但又不乏犀利的争论，争论的是量子力学到底意味着什么——争论的是现实 / 实在（reality）的本质。这是一个精彩绝伦的故事，你要是从来没听说过，应该去了解一下。*

然而，大多数对量子理论的通俗描述都太执着于其历史演变了。我们没有理由认为量子理论中最重要的方面是最先被发现的，却有很多理由认为这些最重要的方面反倒不是最先被发现的。哪怕是"量子"（quantum）这个词也有误导性，因为在量子力学中，世界被描述为成颗粒状（即被分成离散的量子），而非连续的流体，但这只是一种现象描述，并没有解释其内在本质的成因。我们要是今天给量子力学起名字，不会用"量子"这个词。

我不是要无视这段历史。讨论量子力学时，谁也不可能忽视历史，一个重要原因是量子力学史上一些老前辈（尤其是玻尔和爱因斯坦）说过的话在今天看来仍然颇有洞察力和重要性。但我们如果按年代顺序讲述量子力学，可能会加重我理解这一理论的困难。它把我们束缚在一种特定的观点中，而这一观点如今看来已经不在正确的方向上了。

•

---

* 我推荐从曼吉特·库马尔（Manjit Kumar）的《量子理论》（*Quantum*）开始。

量子理论有着最最奇怪的起源，它的先驱者们是一边前行一边把它"编造"出来的。他们还能怎么办呢？这是一种全新的物理学，当时的物理学家无法从已有的理论中推导出它，即便他们已经能使用非常多的传统物理学与数学工具了。他们用已有的概念和方法拙劣地拼凑出新的形式，常常只是胡乱猜想什么样的方程或数学形式或许顶用。

　　在各种十分特殊、甚至可说深奥的物理现象面前，这些相应的预感和假设逐渐汇聚成一个如此广阔、精确又强大的理论，整个过程确实非同寻常。而关于量子力学的课程，不管是讲科学的还是讲历史的，对这一过程都关注得太少。教师直接给学生（至少我本人做学生的时候）呈现一套数学机制，就好像它是从严格的演绎和决定性的实验中得来的一样。没有人告诉你它背后往往缺乏任何支撑——只不过（并且明显很重要的是）它很有效。

　　当然，这种数学方面的有效也不全是出于运气。爱因斯坦、玻尔、薛定谔、海森堡，以及马克斯·玻恩、保罗·狄拉克、沃尔夫冈·泡利等人之所以能"捏造"出量子力学的数学形式，是因为他们既有出众的物理直觉，又得益于其深厚的经典物理学基础。传统物理学的哪些部分该去利用，哪些部分又该丢弃，在这个问题上，他们有着不可思议的本能。但这并不能改变这样一个事实，即量子理论的数学形式只是临时措施，因此终归是相当任意的。是，我们拥有的最精确的物理学理论就类似于希斯·罗宾逊（对美国人而言就是鲁布·戈德堡）*绘制的精巧装置——甚至比这还糟，因为这些装置的运转有清晰的理路，其各部分也有着合理的连接，而在量子力学中，大多数基本的方程和概念都只是（灵感指引下的）猜测。

●

科学发现通常始于一项无人能解释的观测或者实验结果，量子力学也不例外。实际上，量子力学只可能从实验中诞生，因为在逻辑上根本没有任何理由去期待它的那些结论。我们不能通过推理而走进量子理论（如果你相信乔纳森·斯威夫特的那句名言†，这也大体相当于我们也绝不可能通过推理而放弃量子理论），它只是我们的一种尝试，尝试在足够仔细地研究自然时去描述我们看到的东西。

然而，我们把量子力学和其他经验证据驱动的理论区分开来，是因为对底层成因的探求无法（至少现在无法）

---

* 希斯·罗宾逊（Heath Robinson）和鲁布·戈德堡（Rube Goldberg）都是以画复杂精巧的装置图闻名的漫画家。——译注

† 斯威夫特（Jonathan Swift）的名言如此表述："如果你不能说服人相信某件事，那你也不能说服他们不相信这件事。"——译注

让我们利用更基本的元素来建构这一理论。对于任何理论，在某个时刻你可能都会禁不住发问："所以为什么事情会是这样？这些规则从何而来？"通常在科学领域，我们只要仔细观察和测量，就能回答这些问题；但对于量子理论，事情就没这么简单了。因为量子理论不是一个可以让我们通过观察和测量来检验的理论，而是一个关于观察和测量到底意味着什么的理论。

量子力学始于 1900 年德国物理学家马克斯·普朗克的一个权宜之计。当时，他正研究物体辐射热的过程，这看起来像是一个物理学家会问的常规问题，还有点儿乏味。当然，这一课题是 19 世纪末的物理学家十分感兴趣的，但它看起来实在不像是需要崭新的世界观才能解决的样子。

热的物体会发出辐射。如果物体热到一定程度，其中一部分辐射会变成可见光：它们会变得"红热"，更热的话还变得"白热"。物理学家为这类发出辐射的物体发明了一种理想化的描述，称其为"黑体"——听起来有点违反常理，但这个名字只是表示物体会吸收落在它身上的所有辐射而已；这会让问题简单化，这样你只需要关注发出的辐射就行了。

造出表现如同黑体的物体是可行的，热炉子中间的一

量子力学，怪也不怪

个洞就有这个效果。要测量它们在不同的光波长处*辐射了多少能量也不难。但利用热的物体，即辐射源中的振动模式来解释测量结果，却不简单。

对黑体辐射的解释，依赖于热能在多种振动模式之间如何分布，这属于热力学范畴，这个领域研究的就是热与能量如何相互转换。我们现在可以把黑体的振动等同于组成它们的原子的振荡，但在普朗克研究这个问题的 19 世纪末，人们还没有发现原子存在的直接证据，因此普朗克对黑体中的振动单元即"振子"（oscillator）的描述很含糊。

普朗克做的事情看似无伤大雅。他发现，只要假设振子的能量不能取任意值，其取值只能落在与振子频率成正比的特定大小的区块，即"（能）量子"（quantum）之上，那么热力学理论预测的黑体辐射就能与实验结果相吻合。换句话说，如果一个振子的频率为 f，它的能量就只能是 f 的整数倍再乘以一个常数 h（今称"普朗克常数"），可以是 hf、$2hf$、$3hf$ 等，但不能取它们之间的值。这意味着，每个振子在连续的能态之间移动时，只能发射（或吸收）

---

* 据经典物理学，光是一种波，由结合在一起并在空间中传播的电磁场组成。波长就是波的相邻两个波峰间的距离。大多数光，如太阳光，都由许多不同波长的波组成，不过激光一般只包含很窄波段的波长。光的这种波动说是量子理论的首批"受害者"之一，后文我们就会看到。

频率为 f 的离散能量"小份"。

　　介绍量子力学发展的故事经常会说普朗克采取这一方法是为了避免"紫外灾变"：经典物理学预测，热物体随着波长变短（即越发靠近可见光光谱的紫外一端）会发射出更多的能量，这意味着，根据热物体会在所有的振动模式之间均分能量的假设，它会发出无穷多的能量——这当然是不可能的。

　　普朗克的"（能）量子假说"通过规定振子不能取任意频率，确实避免了这个麻烦的结果，然而这并不是普朗克提出这一假说的动机。他认为自己关于黑体辐射的新公式也只是适用于频率较低的情况，而紫外灾变只会出现在高频的时候。这一讹传大体反映了一种感觉：只有某种貌似紧迫的危机才会使量子理论轰然降生。但情况并非如此，普朗克的提议并没有激起任何争议和不安——直到爱因斯坦坚称"（能）量子假说"反映的是微观现实一个普遍特征。

　　1905 年，爱因斯坦提出，量子化是真实的效应，并不只是一种让方程有效的数学小花招而已。原子的振动确实受这一限制。他还指出，量子化也适用于光波自身的能量：光波的能量也是一小份一小份的，他称之为"光子"。每一小份能量等于 h 乘以光的频率（即光波的每秒振荡次数）。

　　爱因斯坦的很多同行，包括普朗克本人，都觉得爱因斯坦太过执着于普朗克假说的字面义，这一假说原本只是为了数学上的方便而提出的。但是关于光与物质相互作用的实验很快证明，爱因斯坦是对的。

因此，量子力学在一开始，确实关于"量子化能量"这一概念：不管是原子、分子还是光辐射，其能量只能像台阶一样一级一级地增加，而不能平滑地增加。我们被告知，这是早期量子力学的基本物理学内容，其他内容都是为了解释它而加上去的理论工具。然而，这就好像是在说艾萨克·牛顿的引力理论是关于彗星如何在太阳系中移动的理论一样。确实，是1680年一颗彗星的出现促使牛顿思考各种彗星的轨迹形状，并提出一条引力定律来解释它们的轨迹。但牛顿引力理论可不是专门关于彗星的。它表达了大自然的一项底层原理，而彗星的运动只是该原理的一个表现而已。同样，量子力学也并不只是关于（能）量子的：能量被分成一个个小块，只是它的一个附带结果（尽管一开始这个结果很让人意外和惊讶）。量子化现象只是一条警示，一条泄露内情的线索，让爱因斯坦和同行们意识到经典物理学某个方面出了问题，此外并无他意。我们不能把线索混同于答案。

尽管普朗克和爱因斯坦都因为引入"量子"概念而获得了与其成就相称的诺贝尔奖，但这一步只是引发了一系列后续事件的历史偶然。*假如当时普朗克和爱因斯坦没有提出量子，20 世纪二三十年代的几项其他实验也会触发量子力学的诞生。

这么说吧：给你量子力学的规则，你一定能得出量子化，但反之却并非如此。能量的量子化本身也很可以是经典物理学中的一个现象。假设大自然恰好是如此构造的：在最小的尺度上，能量必须得是量子化的，只能取一系列阶梯状的离散的值。这很不寻常，我们好像找不到任何理由做如此期待（不过这确实能解释我们的很多直接经验，比如为什么草是绿色的）。但为什么不能如此呢？也许物质的本质就是这样：大自然在小尺度上就是颗粒状的。爱因斯坦应会对此满意。

说量子化只是量子理论的附带结果，对于这一观点，我所知的最好阐释来自《量子力学入门》（*Quantum Mechanics: The Theoretical Minimum*），这本书基于斯坦福大学理论物理学教授伦纳德·萨斯坎德的一门本科生系列讲座，在作家阿特·弗里德曼的帮助下撰写而成，被描述为"写

---

* 1921 年爱因斯坦获诺贝尔物理学奖，颁奖表彰词措辞很是谨慎：表彰他的研究利用"光量子"的概念帮助我们理解了"光电效应"这种现象。当时量子理论的全部意涵仍被认为太过富于推测性，将这样的荣誉颁发给这样的工作必须谨慎。爱因斯坦其实在 1922 年才领到这一奖项，因为 1921 年的物理学奖缺乏足够有资格的获提名者，推迟了一年。

给所有后悔没在大学选修物理的人：你们知道一点儿，但还想知道更多"。这个评价可说是相当乐观了，但只要有一定的数学基础，你就可以从这本精彩的册子里学到需要知道的所有知识。萨斯坎德正是以此为目标组织的材料，按照合理的先后认知顺序教给读者需要知道的内容，而不像对量子力学的常见介绍那样大体按时间顺序呈现话题和概念。那么，在萨斯坎德这本书里，你会在什么时候学到普朗克"振子"的量子化呢？最后一章。实际上，"量子化的重要性"是最后一章的最后一节。现代物理学就是这么判断普朗克假说在概念上的重要性的，是很公正的评价。

△ △ △

●

因此，如果你想要理解量子力学讲的究竟是什么，你到底需要从何处开始呢？萨斯坎德的第一讲是"系统和实验"，他在这一部分解释了量子力学与经典力学有什么根本上的不同。而且，虽然很多说法暗示量子理论适用于小尺度，经典力学适用于大尺度，但事实并非如此。

从实际的角度讲，量子力学和经典力学的差异确实体现在尺度上，但后文将解释，这是因为当物体变得有网球这么大时，量子规则就会"密谋"让物体产生经典式的行为。大小差别的意义主要不在于物体的行为，而在于我们的感知。因为我们人类并没有感知量子行为的能力，只能感知到其有限的经典形式，因此面对量子现象我们无法产生直觉。这很可能是问题的一个重要方面；还有其他的原因，我们会在后文继续解释。

萨斯坎德认为，量子力学与经典力学的关键差异如下：

· 量子物理学对物体的"抽象"——即如何将物体用数学的形式表示出来，以及不同的表现形式在逻辑上如何相关——与经典力学不同。
· 在量子物理学中，系统的状态与对其测量的结果之间的关系与经典力学中不同。

对于前一条，我们还无须担心，就把抽象方式的差异看作物理学概念与文学理论的概念或宏观经济学概念的差异即可，这没什么大不了的。

真正需要担心的是第二条。从某种意义上讲，量子理论所有的反直觉本质（我十分努力地不用"怪"这个词）都浓缩在了这一条里。

讨论系统的状态和对系统的测量之间的关系，是什么意思呢？这个表述颇为怪异，因为这一关系过于稀松平常，一般我们根本不会想到它。如果一个网球的状态是，它在

量子力学，怪也不怪

空中以 100 英里每小时（mph）的速度飞过，我去测量它的速度，那么测到的值就是 100 mph。这一测量过程告诉了我这个球的运动状态。当然，测量的精确性有其限度，我可能得说球的速度是 100±1 mph，但这只是跟测量仪器有关的问题，测量的精确度大可以提升。

因此，说这个网球以 100 mph 的速度飞过，然后我测量了它，完全没有问题。"速度为 100 mph"是网球的一个事先存在的属性，通过测量我就可以确定这一属性。我们肯定不会认为正是因为我测量了它，它才以 100 mph 的速度飞过，这可说不通。

但在量子理论中，我们恰恰必须做这样的陈述。我们无法不去问这意味着什么，而争论也就自此开启。

后面我们会介绍一些科学家为讨论测量问题（即关于量子系统的状态与我们对其观测的结果之间的关系的问题）而发展出的一些概念。我们会听到量子理论那些灵符一般的全套概念：波函数、叠加态、纠缠等。但这些概念只不过是一套方便工具，让我们能预测一项测量会显示什么结果——毕竟预测在很大程度上是基础科学的目标。

萨斯坎德讨论状态与测量之关系的第二条原理可以用语言表述，而无需方程或者眼花缭乱的术语，这或许能让我们安心。要理解语言的意义并不容易，但这种情况反映的是，量子力学包含的最基本信息，并不是纯数学的。

有些物理学家可能会倾向于主张正好相反的观点：数学才对量子力学的最基本描述。他们这么说的主要理由可能是，数学能精准地传达意思，而语言则不太行。但这就犯了一个语义错误：如果你说一批方程关于物理现实，却又不解释它，它们也只不过是纸上的标记而已。我们不能把这个"不太行"藏在方程背后，至少在我们真正想探寻"意义"的时候不能这样。费曼深知这一点。

萨斯坎德的第二条原理，陈说的其实是我们在探寻关于世界的知识时，也主动参与到了世界之中。这一情形是两千多年来人类的思想基石，而我们必须由此出发，寻找意义。

量子力学，怪也不怪

03

量子物体既不是波也不是粒子

（但有时候还不如是波或者粒子呢）

要讨论量子物体，一大问题就是确定如何称呼它们。这个问题看似无关紧要，实则非常根本。

"量子物体"这个说法听起来特别笨重，也很模糊。用"粒子"有什么问题吗？我们在谈到电子、光子、原子和分子的时候，用"粒子"这个词完全合理，我有时候也会这么用。"粒子"可能会让我们联想到一个小小的"东西"，一个坚硬、闪亮的微观滚珠。然而，关于量子力学，最广为人知的一个事实大概就是"粒子也可能是波"。这时候我们的致密滚珠会遭遇什么？

我们也可以简单地给这些量子物起个新名字，比如"量子子"（quanton），并定义它既可以展现波动性又可以展现粒子性。然而，这个学科的术语实在已经太多；把我们用得很舒服的熟词换成专为掩盖各种复杂性的新词，不会让人感觉满意。因此，就现在的目的而言，我们就用"物体"和"粒子"就可以——在它们表现出波动性时除外。

"波粒二象性"的提法早在量子力学刚刚诞生的时候就出现了，但它在帮助我们理解的同时也阻碍了我们的理解。爱因斯坦对波粒二象性的表达是，我们可以选择不同的语言来描述量子物体，但我们经常忘记，这一点恰恰是我们面临的困境：费力地去找合适的语言，并不等于就描述了语言背后的现实。量子物体并非有时是波，有时是粒子，像某个墙头草足球迷似的，根据上个星期的比赛结果来更换主队。量子物体就是它们自己，我们也没有理由假设"它们自己"会以任何有意义的方式取决于我们尝试如何去观察它们。我们唯一能说的只是，我们测量到的东西，有时表现得像我们在测量离散的小球状实体，而在另一些实验中看上去又有波的应有表现，如同在空气中传播的声波，或是海面上的大小涟漪。因此，"波粒二象性"一词指的根本不是量子物体本身，而是我们对实验结果的诠释，也就是我们在人类尺度下看待物体的方式。

●

1924 年，法国贵族、物理学家路易·德布罗意提出，量子粒子（当时还被设想为"物质"小块）可能会展现出波动性。同早期量子理论中的很多想法一样，他的想法也只是出于一种预感。早先，爱因斯坦认为，光波在呈现为具有离散能量的光子时，会表现出粒子式的行为，而德布罗意的想法正是从这一观点推广而来，或说颠倒而来。

德布罗意在他的博士论文里写道，如果光波可以表现出粒子性，那么会不会我们此前认为是粒子的实体（如电子）也可能表现出波动性？这一提议充满争议，学界对此也一直不予理会，直到爱因斯坦经过一番思考之后指出这一想法值得留意。"它听起来完全是疯了，"爱因斯坦写道，"但完全合理。"

德布罗意没有把他的想法发展成一套完整的理论。但经典物理学对波已经有一套成熟的数学描述，或许我们可以用它来描述粒子的波动性？这就是苏黎世大学物理学教授埃尔温·薛定谔所做的事。他读到了德布罗意的博士论文后，有人让他用正式的术语来描述粒子的波动性，于是他就写下了一个描述了它们行为的表达式。

薛定谔的表达式跟我们用来描述水波或声波的普通波动方程并不十分相像，但它们在数学上是相似的。

为什么前后两类方程并不完全相同呢？薛定谔没有解释理由。如今看来很明显：就是他自己也没有一个理由。他只是写下了他认为的一个像电子一样的粒子的波动方程应该会采取的形式。但他猜得如此准，现在看来都算得上异乎寻常，简直神秘。或者换种说法：如今，薛定谔波动方程在量子力学概念结构中已处于核心地位，但当初，它在一定程度上是由直觉和想象建立起来的，虽然其中也包含了一些基于深入理解的"把握"，能把握到经典物理学的哪一部分适合征用。薛定谔方程无法证明，只能凭类比和优秀的直觉推断出来。这并不意味着这一方程有错或不可靠，但它的诞生说明科学上的创造力不仅仅依赖于冰冷的理性推理。

波动方程规定了波在空间中不同位置的"振幅"。水波的振幅就是水面的高度；声波的振幅则意指波峰处的空气被压缩的程度，以及波谷处的空气因被拉伸而变稀薄的程度。在空间中选定一个点，你就会看到随着波从那里起伏地经过，波的振幅会随时间而变化：先变小，再变大。

那电子波的"振幅"又是什么呢？薛定谔猜测，既然每个电子带有一个单位（一个量子）的负电荷，电子波的振幅或许就对应于空间中这个位置所带的电荷量。

这一设想很自然，但却是错的。薛定谔方程中的波并不是电子电荷密度波。实际上，它不是对应于任何具体物理属性的波，而只是一种数学抽象——这就是为什么它根本不是一个真正的波，而要被称为"波函数"。

量子力学，怪也不怪

不过，波函数确实有其意义。德国物理学家马克斯·玻恩提出，波函数振幅的平方（即振幅×振幅）指示着一种"概率"。具体而言，根据波函数在位置 x 的值，你可以利用玻恩的规则来计算当你进行一项实验来测量粒子在哪里时，发现它在位置 x 处的概率。粗略来讲，如果某电子波函数在 x 处的值是 1（以某个单位来衡量），在 y 处的值是 2，那么如果多次做实验测定电子的位置，发现该电子位于 y 处的概率应该是其位于 x 处的概率的 4 倍（即 2×2 倍）。

玻恩又是怎么知道的？他不知道，他也是"猜"的（当然也是基于深厚的物理直觉）。光凭借薛定谔方程本身，我们也没有什么根本性的方法推导出玻恩的规则（有些研究者声称他们推导出来了，但他们的推导没有获得普遍承认）。

这样一来，薛定谔方程就是这样一种工具：它能找出一种叫作"波函数"的抽象实体在空间中的分布，并揭示出它随时间的演化。而真正重要的是，波函数包含了关于其对应的量子粒子我们所能获得的所有信息。只要知道了粒子的波函数，你就可以通过对波函数采取某种操作来提取出那些信息。比方说，你可以将其平方，来得到在空间中任意位置发现该粒子的概率。

法国物理学家罗兰·翁内斯对于波函数有一个极好的描述，他称其为"概率制造机的燃料"。总的来说，实验中能测得某量子系统某项可观测属性的任一特定值的概率，可以通过对其波函数进行一项特定的数学操作而计算出来。波函数编码了这一信息，而量子力学的数学则能帮我们把它提取出来。对波函数进行一种操作可以找出粒子的动量（即质量×速度），进行另一种操作可以找出粒子的能量，等等。在每种情况下，从这种数学操作中得到的，并不是粒子实际的动量或能量——这些要通过实验来测得——而只是你期望从多次这类实验中得到的平均值。

除非是针对最简单、最理想化的系统，否则，解薛定谔方程以得出一个精确的波函数，都是不可能用纸笔完成的。但对于较为复杂的系统，比如包含多个原子的分子，我们有一些办法得到近似的波函数。只要得到的波函数达到一定的精确程度，我们就能用它计算各种各样的属性：分子如何振动，如何吸收光，又如何与其他分子相互作用。

量子力学为我们提供了一套数学指示来做这些计算；一旦学会了如何计算这种"量子微积分"，你就会进展飞速。量子力学的数学令人望而生畏，它包含了虚数、微积分，还有所谓的"投影算符"（projection operator）。但它其实只是一组规则，描述的是被测量的量子态是如何实现对特定结果的期望的。也就是说，它是一套这样的机制：能把手伸进波函数，并拖出有可能被实验观察到的物理量。

　　　　　　　　　　　量子力学，怪也不怪

而除非你特别坚持，否则你甚至无须思考这整个过程的"意味"。你但可以"闭上嘴，只管算"。

·

这么做没有害处。但我们如果把关于量子物体可以解释或可以发现的一切都寄托在波函数上，就会引发一些看起来相当奇怪的结果。

请想象把一个电子放在一个盒子中。这个电子会一直待在盒子里，就像任何被放进盒子里的物体一样：毕竟盒子是有盒壁的。如果粒子撞上盒壁，盒壁会把粒子弹回去，就像你心不在焉地走路时鼻子撞上墙一样。我们简化一下情况，假设盒壁的排斥力为全有或全无：电子在撞上盒壁之前毫无感觉，撞上以后就会受到无穷大的斥力，这样电子就出不去了。

这就是量子力学导论课上介绍的平淡乏味的"订书钉"模型。*这个模型并不像初见之下那么人为而任意，它虽然粗略，但很实用，可以描述任何电子被限制在一个有限空间中——如原子中或电子晶体管中——的情况。但本质上，

---

* 即"一维无限深势阱（infinite potential well）"模型，在这种模型中粒子势能分布图像形似订书钉。——译注

它只是我们让电子待住不动，从而让我们可以解薛定谔方程、推导出波函数并探寻量子行为的最简单办法。

数学计算告诉我们，波函数振幅的振荡方式，很像一条两端都系住的吉他弦被拨动的样子。它只能以特定的频率振荡，因为要让整数个波峰和波谷都刚刚好装在盒子里，只有特定频率（亦即特定的波函数波长）能满足这个要求。而因为电子的能量依赖于它的波动态的振荡频率（前文提到的普朗克方程将能量与频率联系了起来），这就意味着会有一系列可能存在的"能态"从低到高依次排列，就像梯子的梯级那样。换句话说，电子的能量被量子化了，这是它被限制在盒子里并经由受薛定谔方程描述而产生的结果。一个电子只可能在这些特定的不同能量"梯级"之间跳来跳去，得到或者失去特定大小的能量。

这跟网球在盒子里的行为大为不同。如果盒底完全平坦，那么网球出现在盒子里任何位置的概率就会都一样，没有哪个位置更优；而网球也会就待在所在位置，其能量为零。电子可不这样：电子在最低能态下都仍然有一个最小能量，也就是说电子永远在"运动"；在这个态下，它最有可能出现在盒子中间，离盒壁越近则出现概率越低。

这就是经典力学的量子版本，由艾萨克·牛顿在17世纪推导得出的运动方程演变而来。这番量子描述是何等地抽象，难以在视觉上呈现啊！粒子和轨迹不见了，取而代之的是波函数；确定的预测结果不见了，取而代之的是概率；生动的故事不见了，取而代之的是数学。

这样描述显然还不够。在这些概率的背后，在这些平滑展开的波函数背后，电子的真实本质究竟是什么？

或许我们可以这样来想象电子的状态：电子四处移动的速度太快了，因此我们不能轻易看到它在哪里，只能知道它在某些地方待的时间要比另一些地方长。从这种角度

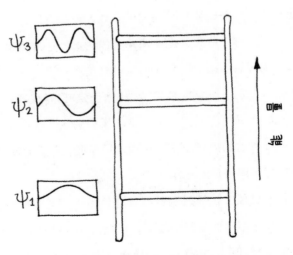

盒中某粒子的前三个量子态的波函数 Ψ，以及它们在能量 "梯" 上所对应的 "梯级"。所有波函数在盒壁上的振幅都是零。

看，限制在特定空间（如在原子核周围）中的电子就像蜂巢周围一群嗡嗡打转的蜜蜂，我们只能看到模糊的一团。在任一瞬时，每只蜜蜂都位于某个地方，但我们只能通过测量来找出它到底在哪里。

这也不是理解波函数的正确方式，因为波函数完全没有告诉我们电子在哪里。而我刚刚说过，波函数给出了关于一个电子我们可以知道的所有信息。这样一来，我们就不得不接受这一事实：就量子力学（于是也即当今科学）而言，就没有什么所谓的"电子究竟在哪里"。

那我们就承认电子并没有位置。毕竟它不是一个实心的小粒子，而是一团模模糊糊的东西，就像空间这块宛如经纬线织成的"纱布"上一团褪色的污渍。这幅图景能帮我们正确理解波函数吗？我们可以将其理解一种描述，描述的是一个在任一瞬时都在空间中居无定所的粒子吗？

这幅图景也不对。因为一旦电子被测量，它就在那里了：一个点状的粒子位于一个固定的位置，就好像你把汽车停在固定的停车点那样。

我们已经尝试通过两种图景来努力把波函数形象化：一个因高速运动而模糊的粒子，以及一团在每个瞬时都弥散于整个空间的"污渍"。这种努力十分自然，但无法保证两种图景的正确。玻恩对波函数的概率诠释揭示了为什么量子力学与其他科学理论相比如此古怪。它似乎是指错了方向：不是向下指向我们所研究的系统，而是向上指向我们关于系统的经验。下面这番话或许道出了为什么我们不能用电子的波函数来推导出关于电子自身"是什么样"或"做了什么"的任何信息：

> 波函数并不是在描述一个名为"电子"的实体；它是一套指示，告诉我们在测量这个实体时应该期待什么结果。

不是所有量子物理学家都同意这句话。我们在后文会看到，有些人认为波函数确实直接指向某个更深层的物理实体。但这一信念的具体意涵是很微妙的，而且当然未被证明。将波函数仅仅看作一种预测测量结果的数学工具是一个很好的默认立场，一个重要原因是它能让我们免于错误地发明出经典的波或粒子的图像来设想量子世界。至少尼尔斯·玻尔和维尔纳·海森堡就是这么想的。海森堡说：

> 量子理论中以数学形式表述的自然定律，关乎的不再是基本粒子自身，而是我们对它们的知识。

这并不是说波函数会告诉我们某个电子在某一瞬时比

量子理论中以数学形式表述的自然定律，
关乎的不再是基本粒子自身，而是我们对它们的知识。

较可能在哪里，然后我们就可以通过测量去证实这一点。相反，只有在我们测量之后，波函数才会告诉我们电子位置的信息。在测量之前，我们甚至不能说出电子"长什么样子"：它既不是某种"糊成一团的电荷"，也没有在"四处乱飞"。实在说，脱离了对电子的测量，我们完全不可

量子力学，怪也不怪

以讨论它。后面我们会看到，这类语言上的严谨性在实践中几乎不可能被遵守，我们最终不得不讨论在观测之前即已存在的电子。这是可以的，只要我们意识到，在这些时候，我们在做超出量子力学范畴之外的假设。

·

把电子想象成一个被限制在小盒子里的"有波动性的粒子"，对我们思考原子的构成很有帮助。量子理论取得的第一项成功，就是玻尔在 1913 年提出的原子模型。它脱胎于新西兰物理学家欧内斯特·卢瑟福提出的一个更早的图示：将原子这类物质基础构件描述为中间是一个极为致密的、带正电的核，周围围绕着带负电的电子。卢瑟福和其他人又将其提炼成了"行星模型"：电子沿轨道围绕原子核运动，就像行星围绕着太阳运动那样。限制住电子的不是被原子边缘的"盒壁"，而是静电力将它们吸引向中心的原子核。

行星模型有一个很大的问题。当时科学家已经知道，沿圆形轨迹运动的带电粒子会以电磁波，也就是光的形式辐射出能量。这意味着原子中的电子会不断放出能量，并朝向原子核螺旋式坠落。如此，原子很快就会坍缩。

普朗克的量子假说认为能量是离散而非连续的，在此基础上，玻尔提出，电子的能量是量子化的，因此电子不能"逐渐挥霍"掉自己的能量。电子只能一直待在固定的轨道上，除非吸收或发射出了一个带有适当能量的光量子，从而被踢到另一个也具有"合法形式"能量的轨道上。玻尔称，每个轨道只能容纳有限数量的电子，因此，如果能量低于给定电子的轨道都已占满，这个电子就不可能再失去能量，跳去更低的轨道了。

这完全是一个"打哪儿指哪儿"的图景。玻尔给不出正当的理由说明为什么轨道是量子化的。但他也没有说真实的原子就是这个样子，只说自己的模型可以解释为什么我们观测到的原子是稳定的。此外，他的模型还能解释为什么原子只能以非常特定的频率吸收和辐射光。后来，路易·德布罗意的电子波描述定量地解释了为什么玻尔原子拥有这些性质。德布罗意认为，被限制在原子核周围特定轨道上的电子只能拥有特定的波长，亦即特定的频率和能量，这使得它们的轨道路径上正好容纳整数次振动，形成所谓的"驻波"，就像把跳绳的一头系在树上，人拿着另一头上下晃动产生的波那样（除了一点，我们无法回答"这个波是什么的波"）。

了解了电子与原子核因静电力而相互吸引的性质后，我们就可以写出原子中电子的薛定谔方程并解出它，从而

量子力学，怪也不怪

在玻尔的量子原子的粗略模型中，电子能量是固定的，以使其波函数中波的总数与其轨道相适应。图中从内到外的轨道依次代表包含 2、3、4 个波状振荡的轨道。

得到电子的三维波函数解，即在空间中任意位置找到这些电子的概率。结果表明，得到的波函数并不对应于绕原子核运转的行星式轨道，而有更多复杂的形状。我们称其为"轨域"（轨态，orbital）。有些轨域像弥散的球，也许呈同心球壳状，另一些轨域形状更复杂，其振幅较大的区域会呈现哑铃或甜甜圈的形状。这些形状可以解释原子相互连接形成分子的空间结构。

●

与假想中的盒中电子所受的盒壁的限制力不同，让电子保持在原子核周围的吸引力并不是无限大的。因此，电子可以被拉离原子，这在化学反应中经常发生：电子的移动，以及它们重新分布成新的空间模式，是化学作用的核心过程。要是盒壁施加给盒中电子的力并不无限呢？

那么一些怪事就要发生了：我们会发现，盒中电子的波函数能穿入盒壁之中。如果盒壁不太厚，波函数还可以穿过盒壁延伸到外面，于是它们在盒外仍然有非零的值。

这表明，如果我们测量电子的位置，存在一个很小的可能性——概率等于该位置波函数振幅的平方——电子位于盒壁之中，甚至盒子之外。电子可能会跳出盒子，就好像它能穿墙过去。事情的古怪之处在于，根据经典物理的描述，电子的能量并不足以让它从盒壁上方越过或是打个洞逃出去。根据经典理论，电子应该永远待在盒子里。但量子力学告诉我们，只要我们等得足够久（或测量得足够频繁），最终电子总能在盒外出现。

这种现象叫"量子隧穿"。量子力学认为，电子（或其他任何处于此种条件下的量子粒子）可以隧穿到盒外，哪怕从经典角度看它缺少逃出盒子的能量。隧穿是一种真实的效应，已得到广泛观测，比如电子通过隧穿在分子间交换，并且已有实验技术和实用仪器基于隧穿现象而起效。

量子力学，怪也不怪

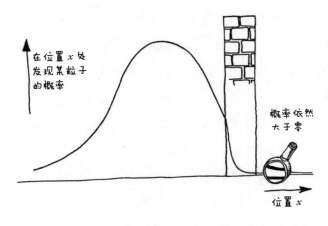

在位置 x 处
发现某粒子
的概率

概率依然
大于零

位置 x

只要墙对粒子的斥力和墙的厚度都有限，粒子的波函数就可以延伸到墙壁之内，甚至墙外，也就是说在墙的另一侧也有可能观测到粒子，哪怕粒子没有足够的能量让它"穿墙而过"。

"扫描隧道显微镜"（STM）就是利用悬在它上方的一根极细的、带电的针与样品之间的电子隧穿现象来产生材料的图像的，图像分辨率高到能看清单个原子。电子隧穿的程度（即针尖与样品间电流的大小）对针尖与样品间的距离非常敏感，因而 STM 能探测到样品表面只有一个原子那么高的凸起。手持电子设备的闪存也是利用电子隧穿穿过绝缘材料薄层来工作的：用一个电压来控制穿过绝缘层屏障的电子隧穿的程度，就可以把以电荷编码的信息写入存储单元，或是从存储单元中读出。

我们该怎么理解隧穿呢？人们经常把它描绘成量子效应中的又一"怪"象，一种像魔术一样消失又再现的过程。但其实，它从直觉上不太难理解，或者说至少不太难设想。量子粒子可以穿过屏障——有什么不能的呢？这一特征在经典图景中是不可能的，但如果我们不太过纠结于它要如何实现，那么它就是可以想象的。

然而，我们也不应该想象电子就是以经典的方式"蠕动"着钻出了屏障。我们可以用薛定谔方程预测出在隧穿过程中能测量到的现象，但无法把它与背后电子究竟"干了什么"的图景联系起来。我们最好把这一效应看成随机性的一种表现，而随机性正是量子力学的核心。波函数会告诉我们，我们如果去观察，可能在哪里看到电子；但在任一次实验中，我们最终在哪里找到电子是随机的。为什么它在这里而不是那里？我们给不出有意义的说法。

•

我想你不会这么轻易就放弃。你很可能会说：我接受，波函数只是一个形式上的工具，让我们能预测测量可能产生的结果。但还有这么一个问题：到底发生了什么，让测量产生了这些结果？

量子理论中最根本的问题大概就在于此。如下的区分有意义吗：波函数是确实表征了某种"实在的元素"，还是只是我们能掌握的量子系统信息的编码？

有些物理学家认为波函数是一种"实在"事物，不过人们常常曲解这一观点的意义。与表示空气密度的方程不同，电子的波函数显然并不对应于某种摸得着的物质或属性。首先，波函数一般都含有"虚数"（其中包含 -1 的平方根），而虚数是没有物理意义的。

但科学家们提出"波函数是实在的"时，指的其实是数学的波函数与它所描述的背后的现实之间有一种独一无二的一一对应关系。

等等！我刚刚不是怀疑了量子力学有"背后的实在"的可能性吗？确实是这样。所以，所有提出波函数是"实在"的论断，都需要建立在这样的基础上，即确实存在某种更深层的图景，其中的各粒子有明确、客观的属性，与我们是否（甚至能否）观察它们无关。这一图景通常称为"实在论"（realism）观点。没有理由认为用这种观点看待世界就一定合适，甚至还有相当多的证据意指它并不合适。然而有一部分科学家依旧发自内心地认为，实在论，即一个客观的世界"就在那里"，才是最终唯一有意义的选项。

"波函数是实在的"这一概念主张数学上的波函数可以通过独一无二的方式直接与客观实在联系起来：它指涉

的是独一无二的实在"物"（你喜欢的话，就比如滚珠般的粒子），而不只是我们关于它们所具有的不完备信息状态。一些实验已经显示，如果实在论观点是合适的，那么在此意义上波函数也必须是"实在的"。

这种看待量子力学的方式属于"本体论"（ontology），意指事物的本质一定存在。而另一种看待波函数的观点是"认识论"（epistemology），正如海森堡所言，波函数指涉的只是我们对一个系统的知识状态，而非其本质（如果"本质"这一概念有意义的话）。根据后者，如果一个波函数因为我们对量子系统做了点什么而改变了，这并不意味着系统本身改变了——改变的只是我们对它的知识。

实际上，海森堡的表述还不够到位，因为他提到了"知识状态"，这似乎暗示着量子现象背后有一些事实，只是我们无法完全了解。更好的说法是，认识论观点认为，波函数告诉我们的是，我们可以对观测结果抱有怎样的期待。

本体论与认识论两种观点的差异，造成了量子力学不同诠释之间的巨大鸿沟。在这个问题上，你必须展现出自己的真实本色。波函数是在表达我们对于"实在"的认识限度，还是它是对"实在"唯一有意义的定义？

对"实在"的定义是个极其微妙的哲学课题。但如果我们接受某些物理学家的观点，即"量子实在"始于波函数，那我们就永远得不出理由来说明，为什么在我们进行测量时，粒子会给出我们观察到的那些结果。这就让量子力学与我们此前遇到的科学观念尽皆不同。正如量子物理学家安东·蔡林格所说，量子理论或许"从根本上限制了我们通过现代科学程序去描述世界的每个细节"。

在爱因斯坦看来，这样的可能性在很深的层面上是一种"反科学"的观念，因为它意味着我们不仅放弃了完整地描述现实，还放弃了因果性概念本身。事情会发生，我们也能说出它们发生的可能性有多大，却不能说出它们为什么这个样子，或这个时候发生。

以放射性衰变为例。有些衰变的放射性原子会从原子核内部发射出一个电子；出于一些历史原因，这个电子被称为"β粒子"，但其实就是很普通的电子。原子核其实并不包含电子，电子只是在原子核之外围着它运行。但原子核包含一种叫"中子"的粒子，而中子会衰变成一个电子和一个质子，电子射出原子核外，质子留在原子核内。* 碳-14（碳原子的自然存在形式之一）的β衰变就会把碳原子变成氮原子，"放射性碳定年"便是利用了这一过程。

---

* β衰变还会产生一个叫"中微子"（neutrino）的粒子，它会带走一些能量和很少的一点质量。

β衰变是一个量子过程，因此会有一个波函数描述中子衰变的概率（这其实是一种量子隧穿过程：电子摆脱电吸引力的束缚，隧穿到原子核之外）。波函数能告诉你的只有衰变发生的概率，并不能告诉你它究竟何时发生。就以某一个碳–14原子为例，它的衰变可能就在明天，也可能在1000年之后。而对于碳–14这类原子，你完全没有办法弄清楚它到底什么时候衰变。

不过一旦了解了β衰变的概率，你就可以估计出在包含比如说10亿个原子的样本里，正好有一半原子衰变需要多久。就好像你参加了一个产前培训班，巧的是班里还有10个准妈妈的预产期和你在同一天。虽然你不能确定其他每个准妈妈的孩子何时出生，但你可以做出相当不错的估计：大概到哪一天其中一半的准妈妈已经生了。样本越大，估计就越准。对放射性而言，样本中一半原子衰变所需的时间依赖于不同类原子核的具体特性，这个时间称为"半衰期"。碳–14的半衰期为5730年，这使它正适合帮我们估算过去几百年、几千年的生物留下的物质的年龄。

那又是什么，让放射性衰变的量子过程，和生孩子这样的"经典"过程（原谅我这么说，它当然也是"不幸"的过程）有所不同？我们有一切理由设想，假如能充分密切地监测每个准妈妈和腹中胎儿体内的生物过程，我

量子力学，怪也不怪

们就能完全准确地理解为什么相应的分娩会在那个时间开始——比方说，或许就是在某种激素的水平达到了阈值的时候。但对放射性衰变而言，你无法通过监测任何东西来解释为什么一个原子会在那个特定时刻衰变。我们找不到衰变的所谓理由。

好的，这就是说，我们很难对原子核一窥究竟。但这不是问题的根源，根源在于，对于量子过程，我们不能说一系列历史事件的发展导致了某个特定的结果。我们讲不出故事来描述事情到底是"如何变成"那样的。

但在量子力学中，最令人费解的事，正是我们好像经常能讲出完全合理又令人信服的这类故事：你在某个初始时间用激光器发射出一个光子，然后在之后的某个时间，你就有极高的概率在另外一个位置探测到它，就好像它是从激光器出发，沿直线以光速行进了到了那里似的。你在B点探测到它的"理由"，似乎就是它离开了A，并沿最直的直线轨迹到达了B。

这看似简洁的因果描述有什么问题呢？有时候，用"某件事好像是这么发生的"的方式来讲述它确实没什么问题，但我们必须尽一切努力记得这只是"好像"，因为在某些情况下，此类叙述会完全不起作用。

04

量子粒子并不会同时处于两个态

（但有时还不如这样的好）

　　现在向我们砸来的这个问题可能听起来像迂腐而钻牛角尖的哲学问题，但我们确实逃不开："是"是什么意思？

　　电子是粒子还是波？它可能在不同的情况下分别展现出两种特征之一，有时甚至能同时展现出一点儿粒子性和一点儿波动性。但对于"电子'是'什么"这个问题，我们能确定地讨论的一切，都来自我们看到和测量到的情况，而并不包含导致这些观测结果的原因。我们只能说，波粒二象性并不是量子物体的性质，而是我们在描述它们的时候经常援引的一种特征（援引它究竟有没有好处还存疑）。它们自身并不拥有这类"分裂人格"。

　　同样的道理适用的说法，也包括各种科普文章和书籍中常提到的量子粒子可以同时处于两个位置——或者更广泛地讲，同时处于两个态。此类说法其实也不准确，但我也不会说它错了。我们先不讨论语言上的问题。从人类的视角看，量子物体看起来确实是可以在某项性质上同时取两个不同的甚至相互矛盾的值，但对理解量子力学而言，采取人类视角是不对的。可这就是我们拥有的唯一视角。

也别绝望。虽然我们可能并没有合适的认知和语言工具，但与爱因斯坦和玻尔的时代相比，我们至少更了解现在我们缺失的是什么。

量子力学中的"态"或说"状态"这个词很糟糕：它既冰冷、正式，同时又很模糊，具有一种欺骗性的日常感。我们好像是不得不使用它，但又不太明白自己讨论的是什么。在科学上，某物体的"态"的含义通常平平无奇：它指该物体的一些或者全部属性。我现在的状态是很热（夏天终于来了），急需喝一杯茶。我的书桌的状态可以被定义得更清晰一些：它很硬，温度约为20℃，颜色是仿实木的黄褐色，等等。物体的态告诉了我们它们是什么样的。而你大概已经理解了，量子力学中的"态"概念之所以难懂，就是因为量子力学根本不明示我们"事物是什么样的"。

说到某粒子的"态"，我们指的是一系列属性的集合，这些属性在某种意义上帮我们给粒子贴上了标签（我故意用了"在某种意义上"这种模糊的措辞，而"帮我们"这种说法也掩盖了一些困难的问题）。这个原子不是那个原子，是因为它在这儿（而不在那儿）*，或者因为它以这个速度运动，或者它的电子拥有这些能量，等等。

经典的"态"概念往往带有一种排他的特性。宏观物体可以同时带有一点儿这个属性、一点那个属性，比如有一点儿硬又有一点儿柔韧性，或者颜色是棕色却又偏红。但物体不可能同时处于两个互斥的态中，比如既在这里又在那里，质量既是 1 克又是 1 千克。我骑车的速度不可能同时既是 20 mph 又是 10 mph，我的骑行外套也不可能同时既是明黄色又是粉色——它可能是两种颜色的混合，但不可能同时全为黄色或全为粉色。这些应该说全是常识。

因此，在听说量子粒子可以同时处于不止一个态时，我们会对其意义感到困惑不已，这很可理解。我们搞不明白其意义，因此就说是量子力学太怪了，或者认为是自己太过愚蠢，无法理解量子力学。或许把粒子设想成一团模糊的污渍或者一团气体，我们就能够理解"同时处在不止一个位置"这一观念。我在前文解释过，这不是设想此类物体的最好方法，但它至少是我们可以依赖的一种心理图

　　　　　　　　　量子力学，怪也不怪

景。而如果要说一个粒子还可以同时具有两个不同的运动速度，这听起来就不仅没意义，而且完全无法设想了。

　　但同样，用此类措辞说一个量子粒子"同时处于两个态"，或许严格地说根本就不恰当。一个由波函数定义的量子态，编码了所有特定可观测性质的所有预期测量结果。因此，说一个粒子可以"同时处于两个态"，意思其实是我们可以创造两个具有波函数的量子态，使我们在测量某粒子的某一属性时，可能会观察到两个结果中的任何一个。但在这种情况下，在我们观察粒子之前和之后，粒子本身发生了什么，或者说它本身"是"什么呢？对这些问题的不同回答，正是量子力学多种不同诠释的差异所在。

·

　　这种"同时处于两个（或以上）态"的现象叫"叠加态"。这个术语给人一种幽灵般的"重影儿"之感，但严格来说，叠加态只应被看作一种抽象的数学内容。这种表达来自"波动力学"（wave mechanics）：我们可以把一个波的方程写成两个或以上其他波的方程的和。

　　让我们来换一种说法。波函数是薛定谔方程的一个"解"，就好像 $x = 2$ 是方程 $x^2 = 4$ 的一个解一样；波函数的表达式能让薛定谔方程这一等式成立。*通常，方程的解不会只有一个，而会有很多，就好像 $x^2 = 4$ 还有一个解是 $x = -2$。这就是为什么一个盒子（或一个原子）之内的电子可以拥有一系列能态。

叠加态之所以会出现，是因为，如果两个波函数（我们将它们写作 Φ_1 和 Φ_2）都是薛定谔方程的解，那么这两个解的任意简单组合，比如 $\Phi_1 + \Phi_2$，也是薛定谔方程的解。两个波函数的和确实能带给人一种"叠加"的感受，但我们也要小心对待。比方说，$\Phi_1 - \Phi_2$ 也满足薛定谔方程，这又该如何解释呢？

我在这里所说的"简单组合"，指的是数学家称为"线性组合"的情况：粗略地说，它指的是一个波函数加上或者减去另一个波函数。像包含波函数的更高幂次的组合，比如 $\Phi_1^2 + \Phi_2^3$ 这种，就不属于线性组合。在薛定谔的量子力学中，系统是允许线性组合或说叠加态的，但这一特点跟"量子"毫无关系，它基于的是波动物理学：波的叠加仍然是波，其他的波。量子叠加态之所以如此古怪，是因

---

* 我可以给你展示一下薛定谔方程，其实它并没有那么令人畏惧，至少看起来不难。薛定谔方程的一个版本只简单地写成 $H\Psi = E\Psi$，其中 Ψ 是波函数，E 是系统的能量。H 叫"哈密顿算符"，它包含了影响并决定系统能量的多个因素。

量子力学，怪也不怪

为用来描述实体之属性的波函数也可以被看作粒子——这意味着这类粒子看似可以同时拥有两种或以上的属性。

那，怎么看待量子叠加态才算正确呢？让我们来考虑单独一个光子，即光的一个量子。前文解释过，光是一种电磁场：某电场的振荡和某磁场的振荡的耦合。这些电场和磁场的上下振动在空间中有特定的方向，就像把绳子的一头系在一根杆子上，然后上下摇晃另一头形成的波动一样。这种方向叫"偏振"（polarization）。有种材料叫"偏振滤光片"（像是太阳镜和照相机镜头上可以减少眩光的那些滤光片），它只允许具有特定偏振方向的光子通过。因此，一个光子的态就包含了它的偏振值，它相对于空间中的一个特定方向而定义。但我们也可以制备出具有偏振叠加态的光子，比如一个光子可以既上下竖直偏振，同时又左右水平偏振。

这种光子的偏振叠加态看起来是什么样的？我们通常把它描述成两种偏振态的某种混合（虽然严格来说"混合"在量子理论中有不同的专业含义）。这意味着光子有时竖直振荡，有时水平振荡吗？并不是。或者它意味着这个光子的一半竖直偏振，一半水平偏振吗？这也根本没什么意义。那它到底意味着什么？

尼尔斯·玻尔的回答很简单：不要问。关于光子"看起来是什么样的"，叠加态的波函数并没有透露任何信息。它只是一个让你预测测量结果的工具。在这种叠加态的意义上，如果你测量一个光子，你的测量仪器有时会记录到一个竖直偏振的结果，有时则会记录到一个水平偏振的结果。如果描述叠加态的波函数赋予了竖直偏振和水平偏振同等的权重，那么在多次测量中，大约 50% 的结果会给出"竖直"，50% 的结果会给出"水平"。

如果你接受玻尔这个严格 / 自满（选哪个词依你的趣味）的观点，我们就无须担心测量之前的叠加态究竟"是"什么，而只用接受这样一个事实：叠加态有时给我们这个测量结果，有时给我们那个测量结果，每个测量结果对应一个出现概率，各概率由薛定谔方程计算出的相应波函数在整个叠加态中的权重决定。将这些全考虑进来，形成的整体图景是融贯一致的。

但这幅图景不是我们用"粒子在怎样行事"，甚至"量子场在怎样振动"的方式可以勾画出来的。有没有一种实验能帮助我们思考，粒子究竟取决于什么？确实有——然而，它表明，当我们企图在量子系统中锁定"真正发生了什么"时，所有这些企图本身又是多么令人困惑。

•

它也许是量子力学的最核心实验，没有人真正理解它。

这一实验叫"量子双缝实验"，它的内容很好解释，结果也很明确。我们不理解的是如何用背后的过程，即"粒子在怎样行事"来诠释这些结果。

双缝实验利用了波的一种特色现象，叫作"衍射"（diffraction），它是波相互"干涉"（interfere）的结果。两道波相遇时，它们的振荡有时会相互增强，有时会相互抵消，这依赖于它们的波峰波谷列的时间差。如果两道波完全重叠，总振幅就是单个波的振幅之和，因此当两个相同的波峰相遇并重合时，它们会产生一个振幅为两倍的波峰。然而，如果一个波峰和一个振幅相同的波谷相遇，二者就会相互抵消，形成的总振幅为零。两道波的和可能处于两者之间的任意情况，比如一道波的波峰跟另一道波的波峰与波谷之间的某个位置相遇时。一道波进行到波峰和波谷周期之间的哪个阶段，称作这道波的"相位"（phase）。因此，完全重叠（即同相）的两道波会相互增强（叫"相长干涉"），而波峰正对上波谷（即反相）的两道波会相互抵消（"相消干涉"）。对两道相互干涉的光波而言，相长干涉会增加亮度，而相消干涉则会让相应的位置变暗。

想象一下我们让一道波穿过一面墙上距离较近的两道狭缝，以产生两个波源。在波穿过狭缝时，它们会逐渐向

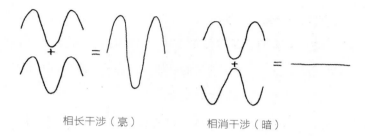

相长干涉（亮）　　　　　相消干涉（暗）

远处传播，就像把小石子丢进池塘产生的波纹那样。这些波纹一旦重叠，就会形成规律的相长与相消干涉的图案。如果波是光波，则若在狭缝远端放一张观察屏，屏上就会形成明暗相间的条带，叫"干涉条纹"。这就是衍射的一个例子，衍射指光在透过缝隙或经物体阵列反弹后铺展开并发生干涉的现象。

　　所有这些现象，早在19世纪初人们就理解了。干涉图案严格说是一种波动现象。作为比较，我们再来想象穿过狭缝的不是波，而是用喷砂器之类的装置射出的粒子。很明显，在这种情况下，我们只会看到粒子打在屏上形成的两条"狭缝"图案：狭缝起的是类似掩模的作用。

　　但如果正如德布罗意所说，量子粒子也会展现出波动性呢？那样，我们或许也有望看到粒子的干涉条纹。我们也确实看到了。

量子力学，怪也不怪

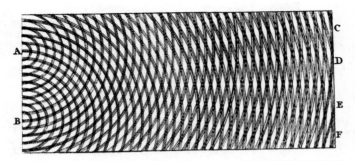

19 世纪初，英国科学家托马斯·杨首次解释了穿过双缝的光的衍射现象。这是他绘制的干涉条纹（C、D、E、F 代表暗条纹），由穿过狭缝 A 和 B 的光产生。1803 年，杨把这张图呈给了伦敦的英国皇家学会。

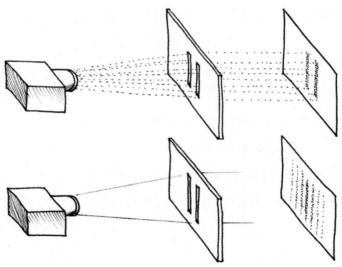

双缝实验中若是经典粒子，粒子在打到观察屏上的时候会产生双缝的投影（上图）。而量子粒子则会在穿过双缝后产生一系列条带打到屏上，各条带间均有空白间隔；它们就是波的干涉条纹（下图）。

在 1923—1927 年间，美国新泽西市贝尔实验室的物理学家克林顿·戴维孙和莱斯特·革末首次观测到了量子"粒子"的干涉和衍射。他们试图寻找从一块热金属电极发射出来、被电场加速后形成的电子束产生的波动性干涉。不过，他们实际使用的并不是双缝，而是波经一组由物体组成的规则阵列（阵列中物体的间距与波的波长相当）反弹后产生的干涉现象。在阵列的不同物体上反弹的波相互干涉，也产生了明暗相间的区域。

按德布罗意的提法，以这种方法产生的电子束，其波长应与金属晶格中的原子间距相当。戴维孙与革末发现，电子在射向金属镍时确实发生了衍射。英国物理学家乔治·佩吉特·汤姆孙几乎在同一时间也发现了这一效应。因为证实了德布罗意的大胆论题，戴维孙与汤姆孙分享了1937 年的诺贝尔物理学奖 *（德布罗意已在 1929 年获奖）。

我们常援引戴维孙—革末实验，作为电子波粒二象性的展示，但前文已经说过，这并不是一种很有帮助的描述——双缝实验也将表明为什么要这么说。

●

----

* 为什么革末没有获奖？因为在做实验的当时革末只是团队中的一位年轻成员，而在那个时代，这就意味着你不应该期望能分享荣誉。不过，革末有着为人亲切友善的好名声，他似乎并未对此表示不满。

　　　　量子力学，怪也不怪

用电子做双缝实验的话，我们是会看到干涉条纹的。比方说，我们可以在双缝的远端放一张荧光屏，电子打在荧光屏上就会形成一个光点：老式的"阴极射线管"（CRT）电视屏幕就采用了这种工作原理。用光子做实验也会得到同样的结果，但我在这里以电子为例，是因为我们更习惯把电子视为粒子，它们有质量，也有其他的粒子特性。

假设我们现在制造一道极其微弱的电子束，微弱到平均每次只有一个电子穿过狭缝。每次只有一个粒子离开电子枪，也只有一个粒子打在屏上，而后下一个粒子才会射出。如此，屏幕上就不会有对应于电子束强弱的明暗条纹了，只会有每个电子打在屏幕上形成的一个个光点，这样波动性就不存在了，只有粒子性了吧？

让我们等着瞧。随着实验继续进行，我们记录下每个电子打在屏上的位置。令人惊讶的事出现了：这些电子确实也是一个一个被探测到的，但随着时间流逝，电子打在屏上形成的点累积成了一系列类似平行条带的图案，有的地方密度高，有的地方密度低。这并不像我们预期的那样，用极弱的喷砂器向两道狭缝喷出粒子后，就会形成两道"阴影"；它们确定无误地是干涉条纹。

我们用粒子性无法解释这一结果，只能借助于"电子波"这样的说法。我们也许乐于接受明亮的一整束电子会

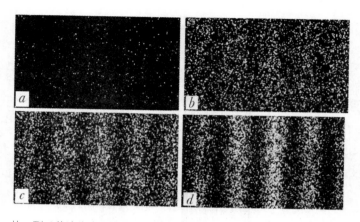

从 a 到 d 依次为在弱电子束进行的双缝实验中，打在屏上的电子逐渐累积形成的图案。一开始电子打在屏上的位置看起来就像是随机的（a），但到最后就形成了明暗相间的干涉条纹（d）。这几张图案是真实的实验结果，来自 1987 年日本物理学家外村彰及其合作者所做的实验。

表现出波动性并在穿过双缝时发生衍射；但一个一个通过的确乎粒子的东西（从屏上的一个个亮点看的确如此）也能产生波一样的干涉，这就很难理解了。我们只好得出结论说：电子也具有"波动性"，可以与自身相互干涉。

但这样就需要我们认可每一个电子都同时穿过了两道狭缝——因为要发生干涉，远端就必须有两个波源。到底是怎么回事？为什么电子在穿过狭缝之前和之后都表现得像粒子，唯独在穿过狭缝时表现得像一道弥散的波呢？

　　　　　　量子力学，怪也不怪

上述看待电子穿过双缝的方式肯定不对，我们得更聪明一点儿。我们如果在电子穿过狭缝之前和之后都能以粒子的形式在空间中准确探测到它，为什么不努力去在它身处狭缝之中时探测它？也许我们可以在一道狭缝的背后放一个探测器，它能感受到电子穿过并发出报告，但又不会影响其轨迹。如果在其中一道狭缝后的探测器没有探测到电子，而我们在屏上又看到了一个新的亮点，那么我们就知道，这个电子穿过的一定是另一道狭缝。

设计出这样的实验来测量电子、光子或原子的轨迹是可行的。我们确实可以探测出一个粒子穿过的是这道狭缝，还是那道狭缝。

但问题在于，一旦我们如此探测，干涉条纹也就消失了，取而代之的是双缝表现得就好像掩模，屏上产生的两条明亮的条带。在我们探测之后，电子就完全是粒子性的了，"粒子"如何同时穿过两道狭缝的谜也消失了。

假设我们现在关上电子探测器——我们完全没有动狭缝，也没有动穿过它们的电子，唯一的改变就是我们不再探测它们的路径。而仅仅是做了不再观测电子的这一决定，干涉条纹就又出现了。

这就是实际发生的情况。该实验已经重复了无数次。

电子是喜欢作对吗？只要我们不尝试去探测它们到底

走了哪道狭缝，它们就会表现得像同时穿过了两道狭缝一样；一旦我们尝试敲定它们到底走了哪道狭缝，它们就只通过一道狭缝了。仅仅是进行测量这一举动，就会让"波"看似变为"粒子"，尽管我们相当确定测量并不会阻碍或影响电子的路径。

不过，也只是"看似变为"而已。在我们没有观察它的轨迹时，电子真的同时穿过了两道狭缝吗？在我们观察的时候，它们真的从波变为粒子了吗？根据玻尔的量子力学观，这些问题完全不合法，就因为它们坚持认为在测量背后有某种微观描述。玻尔主张，量子力学完全不允许我们形成这种描述。薛定谔的方程不是关于这方面的，它仅仅是预测了测量结果会是什么而已。

我们可以利用量子理论来计算在监测粒子穿过特定狭缝还是不监测它这两种情况下我们会看到什么样的结果（针对推导粒子路径的各种框架，我们都可以做这种计算），而理论预测出的，就是我在上面讲的情况。这是因为，在我们没有观察电子的时候，电子的波函数可以写成穿过两道狭缝的两个波函数的线性组合，即两条"路径"的叠加，而观察电子的时候就不行。

而如果我们尝试想象一种情景，在其中，粒子和波能产生这些观察结果，我们就会陷入僵局，不得不面对这样

量子力学，怪也不怪

的难题：波怎么就"魔法般地"感到自己被观测了，并决定瞬间变成粒子。然而，如果我们就是用薛定谔量子力学来描述实验，方程就是会产生正确的结果。

因此，玻尔表示，我们最好止步于此。他说：

"量子世界"并不存在，存在的只是一个抽象的量子物理学描述。认为物理学的任务是找出自然究竟"是"什么样的，这就错了：物理学只关心我们能如何"描述"自然。

这就是所谓的"量子力学哥本哈根诠释"的核心信条。哥本哈根诠释是由玻尔及其同事于20世纪20年代中期在丹麦的首都哥本哈根发展起来的。*这一诠释并不会告诉我们"发生了什么"，而是认为问出这样的问题并不合法。

乍一看，这个想法简直是疯了。要不是为了描述我们想让它描述的系统，为什么要造出量子力学这样的数学理论？但玻尔说，量子理论告诉了我们更有意义的事情，或说是唯一有意义的事情。它告诉了我们在尝试研究系统的 △ △

---

* 严格来说，我们不应把"哥本哈根诠释"看作固定不变、铁板一块的观点。与量子力学的其他诠释一样，哥本哈根诠释的不同支持者对它也有不同的表述方式，比如玻尔的观点就与海森堡不同，而这种个人之间的差别，对今天的支持者们也都有影响。我在这里所说的"哥本哈根诠释"，指的大体上是一套共同的核心思想。

时候我们会发现什么，也即告诉了我们测量结果。

·

应该说这并不是一个完整而令人满意的故事。感觉上，我们就是应该能够描述出电子从离开电子枪到打在屏上所经过的特定路径。

这是深深根植于我们经验中的本能。如果我们看到一架飞机飞进了云层里，过了一会儿又从另一边飞出来，那么毋庸置疑它在云层中也是沿着某个轨迹飞过去的，只是我们没看到而已。

而一到电子和光子所在的尺度，"轨迹"的概念就开始崩塌了。奇怪的是，要是它完全崩塌了，我们反倒更容易接受一些——要是我们对"电子可能出现在何处"毫无线索，面对"它如何出现在某个位置"的问题时只能摊手耸肩的话，也就罢了。可我们明明能测量出这类物体的路径。只要在电子源和观察屏之间的任何位置放一个探测器，我们就能确证自己的直觉：电子似乎整体上是沿直线路径运动的，除非中间有物体挡了它们的路，让它们向别的方向散射。然而，就在我们停止测量，让它们独立运行的那一刻，它们的行为方式就会完全无法以"路径"的方式理解——比如我们就只得说它们"同时穿过了两道狭缝"。

这似乎意味着，测量活动本身就有一些奇怪的地方。

我还要提出最后一项警告。有一种对量子理论的表述叫"量子电动力学"，是理查德·费曼、朱利安·施温格和朝永振一郎在20世纪五六十年代发展出来的。在量子电动力学中，量子粒子在空间中运动时采取的轨迹可不只有直线，而是所有可能路径。也就是说，量子电动力学的方程包含对应于所有路径的项，不管某条路径多么曲折复杂、令人发狂。然而，如果你把所有这些项都加起来，那么大多数项都会相互抵消掉，也就是说穿过大部分空间的波函数的振幅和为零。因此有人说，量子电动力学的确证明了，双缝实验中的一个电子或一个光子会同时穿过两道狭缝——因为它们会"同时"走过所有能走的路径。

然而，这番图景只是对数学计算的一种比喻。如你愿意，可以认为粒子走了所有可能的路径，但你永远不能证明这一点。要通过这种方式诠释量子电动力学，就相当于试图为量子力学讲一个经典式的故事。电子或光子并不会走所有能走的路径。这么想象不仅不对，而且对于思考量子力学而言，是从根本上就不对。

那你要问了，什么样的思考方式才对？

05

发生了什么取决于我们观察到了什么

量子力学的一切奇怪之处，归根结底都与测量有关。

如果我们观察量子系统，它会表现出一种行为，如果我们不观察，量子系统会表现出另一种行为。不仅如此，不同的观察方式还会产生明显相互矛盾的答案。用一种方式观察系统，我们会看到系统"这样"；而用另一种方式观察同一个系统，我们不仅会看到系统"那样"，而且它可能还与"这样"恰恰相反。有时我们观察到物体穿过了两道狭缝之一，有时我们则观察到它同时穿过了两道狭缝。

怎么会这样呢？"大自然的行为方式"怎么会依赖于我们选择"如何"甚至"是否"去观察它？

•

量子力学，怪也不怪

在这门新兴的物理学诞生的早期阶段，关于这一问题的争论经常是围绕着"观察者的作用"进行的。观察者竟然在起作用，这真是令人深感不安，因为它似乎挑战了科学概念本身。如果我们能看到什么要依赖于我们问了什么样的问题，那么说存在一个客观世界，主宰它的各种规则都不受人的认识企图所影响，这样的观念是不是就站不住脚了？正如海森堡所说，科学已经不再是我们在世界不注意的情况下悄悄观察它的一种方式，而变成了"人类与自然互动过程中的一名演员"。

然而，这似乎意味着科学结果会依赖于我们观测它们的情况。毫无疑问，我们做科学实验的全部意义，不就是为了获得可以推广到更大范围的知识，而不仅限于实验中研究的几个特例情况吗？否则实验又有何意义呢？如果我（和一个几千人的团队）在欧洲核子研究组织（CERN）的大型强子对撞机（LHC）中把两个质子对撞在一起，形成了一个新粒子，我希望得到关于这个新粒子的更多信息，而不仅仅是"LHC 把两个质子对撞在一起后形成了一个新粒子"（否则我就只好管这个新粒子叫"LHC 对撞子"之类的名字了）。我希望能假设新的粒子代表的特征属于大自然，而不仅仅属于制造出它的特定实验。如果实验只能回答和实验本身有关的问题，此外什么都回答不了，那么科学探索就几乎不可能进行了。

当然，你可能觉得，观测活动会影响实验结果这件事，本质上并没有什么惊人、离奇之处。这在行为科学中尤其常见。例如，假设我们要观察人们在打牌时有多诚实，我们让一个人中途必须离开房间一会儿，并把自己的牌反扣在桌子上。她的对手会看她的牌吗？每个人都说"我肯定不会"。我们在实验室里做这个实验，结果当然是每个人都极为诚实。然而我们如果在普通的地方（此时我们不能密切监视人们的行为）观测此类情况，就会发现有清晰的统计学证据表明有些人一定偷看了。

显然，在知道（或怀疑）自己被观察时，人会改变自己的行为。这种现象毫不神秘，也不会威胁到"独立于观测的客观实在"这一观念。我们只需在观察时做得更聪明，消除这种"观察者效应"就好。这只是个程序性问题。

然而，人在被观察时，是会知道（至少会怀疑到）这一点的，但电子和光子可不会！不过，对于没有感觉的系统，想象它们具有类似的观察者效应也不难。想象你有某种化学物质的溶液，它能杀死细菌；但如果你在使用它之前先用光谱法确定溶液里确实有这种化学物质，它就不能起杀菌的效果了，就是说只有你不去不观察它，它才起效。这很怪吗？其实不然。光谱法需要让一束激光穿过溶液，

　　　　　　　　量子力学，怪也不怪

所以或许是这种激光以某种方式干扰了溶液。激光既然能探测到分子的存在，或许其实也将它们分解了。因此，确认分子存在的活动或许同时也会摧毁它。

那，在观察量子系统时，是不是也有某种类似的物理效应，能让该系统的性质与行为发生改变？

我们很难看到这种效应的机制——因为这类效应似乎并不依赖于我们到底如何进行测量。比方说，在双缝实验中，你可以用几种不同的探测方法找出电子或光子穿过的到底是哪道狭缝，但结果总是一样的：干涉条纹会消失不见。似乎造成结果变化的并不是探测的方法，而是"探测"这一事实。很难设想哪种物理理论能从已知的粒子间相互作用层面来解释这种情况。

根据哥本哈根诠释，根据量子力学的数学结构，这一"观察者效应"正是我们应该期望的。量子力学的奇异性只有在我们坚持追问物理成因，而非仅仅预测结果时才会产生；而量子力学无法告诉我们这些成因到底是什么（至少玻尔如是说）。

玻尔的这一观点通常被称为"工具主义"（instrumentalism）。粗略来讲，它认为量子理论只提供指示，而不给出描述。这让很多研究者感到挫败和灰心。如果我利用激光来进行光谱测量，探测溶液中的分子，我期望的是能说出关于这些分子的信息。如果理论只能让我知道"激光在绿光的波长处会变暗",却不许我得出任何与相应分子过程有关的结论,那我为什么要做这个测量?这样是不够的,我们一定得能知道我们的经验与其背后的现实之间的联系。

•

我们观察到的现象和现实之间的关系,是哲学家讨论了很久的问题。18 世纪,大卫·休谟论证,我们永远不可能完全确定地解释因果关系。我们如果发现 A 现象出现之后似乎总是不可避免地会出现 B 现象,或许就可以推断 A 是 B 的成因,但这个推断永远无法被证明正确。在《纯粹理性批判》(1781)中,伊曼纽尔·康德更进一步,称不通过经验的中介,我们不可能与世界相接触。他把这个世界本身"是"什么称为"本体世界",或称"物自身"(Ding an sich),而我们可以认识的全部只是"现象世界",即通过感官记录并通过心灵来理解的世界。这就使得我们对世界的构想,受制于不可靠的感知和推理。如果我们的推理能变得更为精确,现象世界就也会变化。大多数科学家本能地感到经验和意识应该是次级现象,仅仅是一个中介,而非要形成"现实可能有何意义"的概念所需的首要成分,但哲学家们,尤其是埃德蒙·胡塞尔开启了现象学(威廉·詹

　　　　　　　　量子力学,怪也不怪

姆斯则预见到了现象学）后，现象学家们已经开始尝试把经验和意识当成最基本的东西。一小部分思考量子力学诠释的物理学家如今也开始对这些哲学思想产生兴趣。

今天，大多数科学家都会认可，我们对于感官数据的依赖让我们与任何"物自身"之间都隔了一段距离：我们的心灵唯一能做的事，就是用这些数据来建构一个心灵的世界图景，而这一图景不可避免地只是"外在"现实的理想化近似。斯蒂芬·霍金写道："精神概念是我们唯一可知的现实。独立于模型的对现实的检验是不存在的。"

不过，这倒也不是很大的让步。科学家们面对上述问题时，（往往是无意识地）倾向于坚持哲学家们所谓的"朴素实在论"，即假设我们可以表面上接受我们那些有各种局限和瑕疵的感官告诉我们的关于"外在"客观世界的各种事。而受康德思想影响的玻尔则更进一步，认为唯有由经验（即测量）揭示出的世界，才配享有"实在"之名。

这看起来有点儿像形而上学的障眼法。如果除了经验所展现的内容之外，我们无法获得任何信息，那我们是否选择把深层世界当成"现实"，又有什么区别？但哥本哈根诠释称，是测量活动主动地"建构"了我们测量的现实。我们必须抛弃"客观的、预先存在的现实"的概念，并接受是测量和观察从一系列可能性组成的"调色板"中带出了各种特定的现实。正如玻尔的年轻同事、同为哥本哈根学派成员的帕斯夸尔·约当所说："观测与所观测事物的关系，不仅仅是前者干扰后者，甚至是前者产生后者……通过观测，我们迫使（一个量子粒子）占据了确定的位置。"换句话说，约当的意思是，"制造测量结果的是我们自己"。

这么想确实相当激进。有些人会说它简直是异端（也的确有人这么说了）。

·

"测量问题"是量子物理学中又一个被广泛误解的概念。它常被解读为：我们无法在不干扰一个物体的情况下研究它，因此科学就变成完全主观的了。但这两个分句的表述都是不准确的。

量子测量问题对科学的几乎所有实践都毫无影响，对任何有意义的目标而言，它们都还是对"外在"世界的客观研究。即使在原子尺度上，我们通常都还能进行测量，而无须担心测量会大大干扰（更不用说决定）我们的观察结果。测量产生的干扰通常都极为细小，微不足道。比如，当我们在实验室中测量一种新材料的强度时，我们可以获得一个值，它代表该材料固有而可靠的属性，可以用来有效地预测该材料用于建筑或者骨植入物时会有怎样的

量子力学，怪也不怪

表现。我们选择何种实验实施方式，都不会影响实验结果（至少在实验设计得很好的情况下如此）。系统属性受到的任何人为的微小扰动都能被估算出来并理解。

此外，把量子测量问题解释为"干扰"，恰恰是哥本哈根诠释所反对的。提出"干扰"说，前提还是预设了我们研究的系统有其特定的属性、特征，只是我们笨手笨脚的测量让它变成了一团糟。然而哥本哈根诠释则坚持认为，只有在我们测量以后，系统才具有特定的属性。按某种极端观点，这意味着在我们测量之前，根本就不存在"系统"这种东西。

由此得到的必然推论是，不同的测量产生不同的现实——不仅仅是不同的结果，而是不同的现实。不仅如此，不同的现实还不一定彼此相容。这就是为什么对量子理论诠释的讨论经常会引发不一致或说"悖论"。"悖论"一词已被滥用，有时候它只得并不是指逻辑矛盾，只是某种难以解释或理解的现象。但不管怎样，要了解量子力学为何违反直觉，这些"悖论"至关重要。这些悖论基本上都是让各种量子结果都明显可以同时接受"是"与"否"的回答。不管如何理解这些现象，我们首先不能满足于摊手耸肩，称它们"怪"而已。

·

玻尔所谓的工具主义观经常遭到歪曲。他否认量子理论的预测与由物体的相互作用（或至少是"某些东西"）构成的底层基础之间有什么关系，但他并没有否认这样的基础存在。他只是提出，我们需要一种新观点来解释"量子实在"意味着什么。

常规的观点是，科学实验要研究并揭示产生结果的现象是什么。在物理学与生物学的研究中，我们在宏观尺度上进行观察，并力图借助更小尺度上的过程——原子、分子或细胞如何运动并相互作用——来理解前者。这是从事科学的一种有效方法，硕果累累。我们可以说我的咖啡杯、窗外的风景乃至我自身总归都是由运行在更小尺度下的过程和效应生成的，这么说是有意义的。这里有一套先行后继的层级秩序：一个尺度的性质和原理，"演生"自下一层级的性质和原理。咖啡杯的固态、脆性和不透明性，都可以通过构造出它的大量原子和分子来理解。

然而，量子力学扰乱了这套层级。在玻尔看来，像双缝实验这样的量子实验不能用"宏观结果由背后的微观过程产生"这样的思路来理解。我们只能把宏观过程自身看成一种不可还原的现象，即不能用更小尺度上的基本"成因"来解释。

这一概念复杂化了（甚至消灭了）关于科学实验构成

量子力学，怪也不怪

要素的典型观点。比如在双缝实验中，我们的本能是把电子或光子沿特定轨迹的运动，或是它们之间的波动干涉等类情况视为"现象"，而把屏上的粒子状亮点时而形成干涉图案时而并非如此等"观察"视为现象的结果。但玻尔却主张，整个实验都是我们必须去理解的现象。不同的实验设置，比如只打开了一道狭缝还是打开了两道狭缝，是否用粒子探测器窥探了某一道狭缝，并不是在探究同一批深层现象的不同表现；这些实验本身就是"不同的现象"。无怪乎我们会得到看似矛盾的结果，因为我们观察的就是不同的东西。我们实在不该期待在点燃一张纸和点燃一张金箔时能观察到同样的现象。

玻尔这一睿智的策略令人赞叹，但也具有逃避的性质——预期目标大改换，从某个角度看就像是作弊。在某个实验中我们得到了一个结果，但只是对仪器做了显然很微小的调整，我们就得到了另一个结果，而玻尔却说我们不应该问为什么这样一个微小的变化让结果产生了这么大的不同，因为在两种情况下我们观察的根本不是同一个东西。只因为结果不同，我们就宣布是导致它们的过程本身根本上不同，尽管两个实验的组成部分之间明显只有微不足道的差异（比如我们把探测器放在了这里，而非那里）。不过，玻尔提出的差别，确实帮我们把关注点放到了正确的问题上。他说，发生了根本改变的，是我们的观察方式。
因此，我们不应尝试从"粒子到底去了哪里"这个角度来
探究两个实验的差异，而是应该去问：为什么我们的观察
方式这么有所谓？

这反过来又催生了一个更深的问题：在这一情况下，
我们获得了哪些在那一情况下没有获得的信息？我认为，
是这个问题，而非"粒子会走哪条路径"，才能最终帮我
们更好地理解量子力学。

玻尔的指示是极苛刻的。实际上，你哪怕相信他的说
法，也多多少少难以认真对待。一直以来，科学家们都将
电子当成"小球"来看待：它们在原子和分子间跳来跳去，
沿着金属线奔流而下，还能越过虚空。要是真能说这样的
形象只是为了方便而进行的虚构——就像把原子看作有电
子绕着原子核运转的"迷你太阳系"，但我们都知道事实
绝非如此那样——那敢情好。但"电子是板球"*的图景并
不仅仅是为了方便而进行的虚构，这个图景实在太好用了。
在某些情况下，把电子看作小球可以说对科学没有任何伤
害。这就是量子理论最具挑战性（也最烦人）的一个方面：

---

* 板球的球在大小轻重方面都接近棒球，一般通体红色（后文还会用
到这一特征）；该运动历史或比棒球更为悠久。——编注

它似乎在什么方面可以解释、什么又不能解释的问题上自有其坚持，但又要求我们时不时地无视它的这些坚持。我们关于世界（电子，以及板球）的经验鼓励了我们无视这种"精神卫生"状况，而去要求获得勾画图景的权利。

就比如说，每一个实验研究者在设计实验去研究光子的量子属性时，都必须想象粒子的轨迹是一种真实、客观的现象。他们会假设光子会沿直线路径在空间中传播，并在此基础上找出需要在哪儿放置平面镜和透镜。在路径的尽头，他们通常还会放一个探测器。极端"玻尔主义者"可能会说："在光子到达探测器之前，你无权讨论或设想光子的路径。在它们被探测到之前，路径都没有意义。"而实验科学家可能这样回应："管你有没有意义？我就要这样做实验，它管用！"正如罗兰·翁内斯所说，在量子物理学中，"实验研究的推理模式通常会华丽地无视它所要检验的理论发出的禁令"。玻尔则说："给实验人太多限制的话，他们就无法完成自己的工作了。"

实验人可能还会更进一步，问玻尔主义者："你不认为光子会走直线？但如果我把一个探测器放这儿，就在它的路径上，我会测量到什么？一个光子！沿着路径把探测器继续移一点儿，我还是能探测到一个光子；依此类推，我沿着路径一路移动这个探测器，一直移到原本探测器所在的位置，都能探测到光子。而一旦把这个探测器往两侧移一点儿，我就什么也探测不到了。这还不能满足你对'光子轨迹'的定义吗？"

你或许已经猜到玻尔主义者要怎么回答了："这什么也证明不了，因为你改变了探测器的位置以后，它就不是同一个实验了。这些实验都是是不同的现象。"

看起来争论陷入了僵局：你要证明使某项实验得以成立的预设，不能靠做这项实验本身；你得做一个不同的实验才行。

玻尔主义者的论证听起来很狡猾吧？确实如此。

翁内斯提供了一个漂亮的解决方法。他说，我们当然永远不能断定在我们讨论的实验中，光子真的是走了（实验者设计的）直线路径到达了探测器。然而，我们可以用量子力学原理来表明，如果光子确实走了直线路径，那么我们遇到逻辑不一致的概率会低到近乎于零。翁内斯称，这就是某种量子力学诠释要满足的一项最低条件：不必证明它是"真的"，只要证明它是一致的。

·

不过，或许我们在面对实验时还不够聪明。大自然似乎"知道"我们有没有在进行测量——比如测量光子或电

量子力学，怪也不怪

子穿过双缝的路径——从而据此改变粒子的行为。大自然仿佛能感觉到我们有没有在尝试窥探光子的路径。

既然这样，就让我们想办法胜它一筹！

我们可以这样：先骗大自然表现出自己的意图，等到它做出选择（是一道缝还是两道？），再来测量粒子的路径。

就是说，我们要一直等到光子穿过狭缝之后再探测它的路径。仅仅把探测器放在双缝后面很远的地方并不够，因为大自然似乎总归能提前知道探测器在不在那儿。我们需要在确认光子已经通过双缝之后再去放置探测器。大自然总不会有某种魔法能看穿我们的意图吧？

这个实验可不容易做，因为光子是以光速运动的。从它穿过狭缝到打在屏上，这中间只有很短的时间，在这段时间里我们得拿出探测器并识别出光子的路径。但使用现代光学技术，这一迅疾的手法是可以实现的。这种实验称为"延迟选择（delayed-choice）实验"。

首次提出了此类设想的是爱因斯坦：那是一个思想实验，在其中，我们把对测量方式的关键选择延迟到最后一刻，到那时或许结果已经决定了。这种情况下，玻尔的"观察者决定现实"要如何成立呢？

玻尔自信地断言，把选择拖延到这个时候也没有用，大自然可不会被骗。在粒子开始"飞行"之后（按经典观点，此时它们已经决定了走哪条路径）再设定实验，与一开始就设定好实验不会有任何差别；我们看到的结果还是会和常规实验一模一样。

他认为自己能做此断言，是因为量子力学似乎就是这么预测的。但这样断言全无意义！后来约翰·惠勒指出，玻尔的说法应该说暗含了"反向因果"：某个时刻发生的事可以影响更早时刻发生的事。我们去探测一个已经穿过狭缝的光子穿过的是一道狭缝还是两道，似乎就是在决定它采取了哪种情况。正如惠勒所说，在将延迟选择的光子探测器放进或拿出实验设备时，我们"不可避免地影响了我们对光子已经过去的历史的应有恰当描述"。

请注意惠勒的表达方式有多么谨慎：我们影响的并不是光子过去的历史，而是我们对其历史的应有恰当描述。他继续解释道，因为我们并没有真正地改变过去的历史；相反，必须改变的是我们关于所观察现象的整套观念：

> 事实上，讨论光子的"路径"是错误的。用正确的方式说……在通过一个不可逆的放大活动（即通过一台经典仪器去测量）使某现象成立之前，讨论该现象没有意义："没有被记录（观测）到时，任何基本现象都不是现象。"

如果像玻尔所说，量子实验并不是在探测现象，它本身就是现象，那么我们在完成实验、做完测量，也就是仪表的指针指向一个读数之前，都不能说这个现象已经发生了。为了能够说某事件是真实的，我们必须看见它。

我们已经习惯了"多种机巧会发生在我们的感知之外"的观念了。我们体内的细胞都在忙于各自的生化任务，制造蛋白、对抗感染，等等；空气中的分子在我们看不见的情况下相互碰撞，还不计其数地撞到某些表面之上并制造了切实的压力。我们可以介入这些现象并做出测量，但我们有充分理由假设，不管我们介入与否，这些微观过程都会一如既往地进行。

然而根据玻尔和惠勒的观点，对于所有的基本量子现象，我们都只有在测量了它们之后才有发言权。面对"在光子从被发射出来到被探测到的这段时间里，它发生了什么"这一问题，仅仅回答"我不知道，我没看"还不行，我们必须要说"因为我没看，所以这个问题没有意义"或者"只有等我测量了，我们才能谈论这件事"——就好像一场足球比赛，只有全场比赛结束时，它的"结果"才会成为一个有意义的概念。*

---

* 我想玻尔也会认同这个类比：他本人是一名足球守门员，而他的数

这一图景之所以引人注目，是因为它不仅仅依赖于"做出测量"这一物理活动。其背后有更深的原理，与我们"对知识的获取"有关。卡尔·冯·魏茨泽克在量子理论上的洞察力或许仅次于玻尔，他敏锐地点评道（引号是我加的）：

> 定义了哪个量（如哪条路径）被确定了而哪个量又没有确定的，根本不是物体与测量装置之间的物理相互作用，而是"注意活动本身"。

·

对于自己对延迟选择实验结果的预测，玻尔有着突出的自信。但他预测对了吗？要了解这一点，就只能去做这个实验。20世纪70年代末，这一可能性出现了，因为惠勒提出了一个激光光子实验，它既模仿了双缝实验，同时又解决了如下问题：到底要如何在光子明显已经选择路径并出发之后再把探测器安插进实验，从而能够确定无疑地探测到光子采取了哪条路径。

惠勒的设计是这样的：我们把一束激光射向一块镜面，且光束与该镜面成45°夹角。这块镜面（M_1）是个所谓的"半

学家弟弟哈拉尔德（Harald）曾为丹麦国家足球队效力。

　　　　　　　　量子力学，怪也不怪

透明反射镜"——它可以把入射光子的一部分反射出去，另一部分透射过去，而我们这里就是一半一半（随机决定）。因此，它可以把入射光束分成两束，一束（A）继续沿直线行进，另一束（B）则被反射出去，并与入射光束成直角。我们在分出来的两束光的路径上再各放一面反射镜，把两束光再反射到一个交点上。在两束光的尽头，我们各放一个灵敏的光子探测器 D_A 和 D_B，他们可以确认有（随机的）一半光子走了路径 A，一半光子走了路径 B。

现在，我们在两束光的会合点处再放置第二块半透明反射镜（M_2），这就让两束光发生了干涉，形成了明暗相间的干涉条纹图案，而此时我们也就分辨不出光子到底走了路径 A 还是路径 B 了。我们可以分别沿着路径 A 和路径 B 摆放两个探测器，让它们分别位于亮纹和暗纹所在的位置，这时，D_A 探测到光子的概率就是 100%，而 D_B 探测不到任何光子。

因此，在放置了 M_2 和没有放置 M_2 的情况下，探测器探测到光子的统计分布完全不同，且完全可预测：放置了 M_2 的情况下，$D_A = 100\%$，$D_B = 0$；没有放置 M_2 的情况下，$D_A = D_B = 50\%$。在后一种情况下，我们能完全确定每个光子走了哪条路径，因为它要么被 D_A 探测到，要么被 D_B 探测到，概率各为 50%。但如果放置了 M_2，我们就无法区分

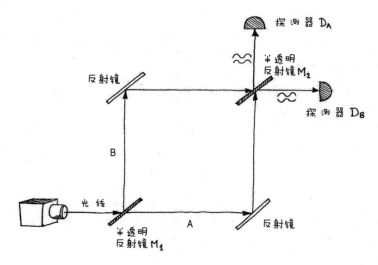

约翰·惠勒的延迟选择实验

光子到底走了哪一条路径：光子100%会被 D_A 探测到，这意味着它同时走了两条路径，并与自身发生了干涉。

为了使其成为一个延迟选择实验，我们必须能在确保一个光子已经通过了 M_1 之后再插入 M_2，此时光子应该已经选择了两条路径中的一条（但不会是两条都走了），因为这一阶段 M_2 还未就位。使用现代光纤技术，这是可以做到的。如果玻尔的预测是正确的，哪怕光子在通过 M_1 时，系统仍是"未发生干涉"的状态（这与双缝实验中粒子同

　　　　　　　　　　　　量子力学，怪也不怪

时穿过两道狭缝的现象等价），探测的统计结果仍然会显示光子发生了干涉（$D_A = 100\%$，$D_B = 0$）。

惠勒的延迟选择实验的首次实施是在 20 世纪 80 年代末，后来又有多种该实验的变体被付诸尝试。所有这些实验都显示，无论我们介入与否，只要介入发生在测量之前，结果其实都一样。大自然似乎总是"知道"我们的意图。或者用惠勒的不那么神神叨叨但同样令人迷惑的话说：

没有被观测到，那就不是现象。

这怎么可能呢？在我们测量时，究竟发生了什么？哥本哈根诠释命令我们不要问这样的问题；但我们现在可以更准确地表达出来，这一禁令掩盖了什么。

我们先暂时忘记"现实／实在"这一概念——这个概念太过棘手（哲学家早就知道这一点）。我们先来探讨在我们做出测量时，"理论上"发生了什么。在做出测量之前，量子系统的行为遵循薛定谔方程，这一方程描述的是系统的波函数如何随着时间而改变。粗略来讲，理论只告诉我们这一改变的过程是平滑的，像波一样。在某一时刻，波的振幅在这里大、那里小，而到下一时刻又会反过来。

量子系统的一个属性是，波函数随时间的这一变化保留了态之间的区别。这句话差不多是这个意思：在经典理论中，如果两个态一开始就不同，那么它们在经历相同的变化后仍会不同。假设我以同样的角度往空中扔了两个同样的网球，但速度不同，那么速度慢的网球总是会比速度快的网球更早也更近地落地，它们落地的时间和位置也都完全可预测。应该说，这显而易见——本质上，它表达的是系统不会"无端"地改变自身的状态。

在量子系统中，这一原理就不太一样了，因为量子系统受概率主宰，有随机的倾向。我们只能计算一个"量子网球"在不同的时刻落在不同位置的概率，而不能确定给定的实验会产生怎样的实际结果。但我们能确定的是，一个量子事件的所有可能结果的概率之和必定为1。而这不过就是说，所有事情都可能发生，但其中之一必定会发生。

这一陈述关乎的其实是系统中的信息：系统中的信息永不丢失。在由各种可能结果的概率主宰的各种情况下，信息的丢失意味着什么呢？假设你有两枚硬币，各扣在一个杯子下面，你已经知道它们要么全都正面朝上，要么全都反面朝上，两种情况的概率各为50%。现在假设有人在你没有看到的情况下翻转了一枚硬币，但也有人告诉了你他翻转了一枚硬币，于是你知道，这两枚硬币的正反面相反，要么是左边的硬币正面朝上、右边的反面朝上，要么正好相反。两种情况概率均等，各为50%。在这个例子中，在数学意义上，信息没有丢失。

但如果有人摇晃两个杯子，让硬币的朝向变成了随机的呢？现在两枚硬币的朝向有4种可能：正／正，反／反，正／反，反／正，概率各为25%。此时你就会发现，你在数学意义上丢失了信息（粗暴地说就是，在前一种情况下你可以有把握地排除一些组态，但现在你不能了）。

以上述方式保存信息的过程称为"幺正"（unitary）；摇晃杯子让硬币朝向随机改变，则是一种非幺正变换。而量子系统按照薛定谔方程在时间中演化，是严格幺正的。

但量子测量却似乎打破了幺正性：它暴力地破坏了量子波函数原本的平滑演化。

在测量之前，系统完全由一个波函数所描述，通过这个波函数，我们可以计算不同的可能测量结果所对应的各种概率。我们先假设系统处在 A、B、C 三种可能的态的叠加中。随后，根据量子力学，波函数所能做的只是以幺正的方式继续演化，一直保留着这三种可能的态。

但测量让这一切发生了变化。它让波函数所表示的所有这些可能性发生了"坍缩"（海森堡的原始表述是"约简"/reduce），只坍缩到其中一个。假设在测量之前，发现某量子物体的某种属性为态 A、B、C 分别对应的值的概率分别为 10%、70% 和 20%；而在对该物体进行一次测量后，我们可能得到结果 C。那么 A 和 B 两个态发生了什么？我们现在只得承认，系统对应于各态的概率值都发生了变化：C 的概率现在为 100%，A 和 B 都为 0。不仅如此，我们永远也找不回 A 和 B 两个态了，我们只能一直得到 C。*

是什么让系统发生了如此突变？这完全不属于理论所能预测的范畴。薛定谔方程中没有哪一部分能容许或解释

----

* 唯一能恢复 A 和 B 两个态的方法是再次制备出具有同样初始态的量子物体，而这是光靠量子系统本身无法完成的。重新制备出同样的量子物体之后，A、B 和 C 都会再次成为测量的可能结果。

波函数坍缩。你不可能一开始同时拥有 A、B、C 三个态，再通过波函数的幺正演化，结果只剩 C 一个态。粗略地说（但我认为这个比方足够了），基于红、黄、蓝三种颜料的混合，你怎么也不可能调出纯粹的蓝色。而如果某种魔法般的操作让你确实得到了纯蓝色，你也不可能（在不去重新制作一份红、黄、蓝的三色混合时）让它重获一丝红或黄的色调。

问题就在于此。量子力学的基本数学机制是幺正的——描述波函数如何随时间演化的薛定谔方程永远都是幺正的。然而，我们对量子系统每做一次实验以直接测量该系统的某种性质，都会引发我们只得称为"波函数坍缩"的情况，而它只会给出唯一的答案。测量过程必定是非幺正过程，因此它在理论上就与波函数的表现不一致。

我们有无数理由认为量子力学是幺正的，而我们观察到的实验结果却是非幺正的。这就是为什么测量问题如此令人苦恼。

•

早期哥本哈根主义者坚持认为，波函数坍缩明显的非幺正性，正是测量的唯一意义：他们尝试把坍缩现象看作某种公理，以此来消除问题。然而这个说法几乎等于说波函数坍缩的发生是一场魔法，没有任何理论能解释它。

对玻尔而言，波函数坍缩正象征了么正的量子世界，与我们的观测行为所发生的日常现实之间的区别。测量的定义决定了它必须是经典的：要做测量，就需要某种大尺度的仪器，这样人类才能与之互动。从我们的角度看，组成这个世界的是各种现象（即所发生之事），而每个现象只有在被测量之后才存在。"波函数坍缩"只是一个命名，命名的是我们把量子态转变成被观测到的现象的过程。

因此，波函数坍缩是一种"知识发生器"：与其说这一过程向我们提供了答案，不如说它是在制造答案。一般而言，这一过程的结果并不能确定地预测出来，但量子力学给了我们一种方法可以计算出特定结果出现的概率。我们能够获得的就只有这些了。

•

如果不去测量，似乎就没什么能破坏薛定谔方程的么正演化，所有叠加态、多重的可能性就都得以保留。那在我们没有观察的时候，宏观尺度上在发生着什么？有一次，爱因斯坦向一位年轻的物理学家亚伯拉罕·派斯表达了他对玻尔立场的隐含意味的恼怒之情。后来派斯写道："我记得，有一次一起散步时，爱因斯坦突然停下转向我，问

量子力学，怪也不怪

我是不是真的相信月亮只有在我看它的时候才存在。"

把关注点聚焦在"看"上，认为它是波函数坍缩之源，带有这样一种意涵：重要的不是"测量"，即人与宏观仪器的互动，而是如冯·魏茨泽克所说的"注意活动"。也就是说，这个过程需要有意识的个体来记录事件。

真的是这样吗？波函数坍缩是发生在测量仪器中，还是在人类实验者的大脑里？从量子事件到宏观测量仪器，再到读出结果并将其写入实验记录的人类观察者，在这样一根链条上，坍缩到底发生在何处？维尔纳·海森堡仔细思考过这一问题，因此我们分隔开量子世界与经典世界的位置就叫"海森堡切口（cut）"。这个切口在哪里？

关于这个问题，玻尔与海森堡持不同意见。海森堡认为，这个"切口"并不是某事物（如波函数坍缩）发生的物理边界，而是我们自己任意选出、用来分隔测量系统与被测量事物的边界。他表示，我们有足够的自由来决定这个切口位于何处，只要它别离量子物体太近，且我们能根据这一条件为该量子过程构造出数学描述。

玻尔则不赞同这种灵活性。他认为，切口的位置依赖于我们在实验中选择问的问题；一旦我们选定了问题，切口位置就固定了下来。在相应的量子过程中，面对所选问题，我们能够获得清晰答案的边界在哪里，切口就在哪里：

我们可以说"波函数就在此处坍缩"。这也证明了玻尔的一项确信，即一切问题最终都取决于你的实验是什么样的。在明确实验的所有设置之前，你不可能真正讨论量子系统。

·

玻尔的这一观点带有某种令人恼怒的不可及性。要是有人问玻尔"所以，在你测量的时候，量子力学就不起作用了吗"，他很可能不会给出肯定的答案（反正我认为不会）。但你可能会反对说，波函数坍缩是非么正的，所以它与薛定谔方程矛盾！那玻尔可能会回答，波函数坍缩只是我们在测量时援引的一个概念，而测量必然是一个经典过程，因此我们不可能把量子力学的数学用在它身上。测量只不过是我们获得知识的过程；假如测量不是经典的，我们就无法通过实验来获得关于一个量子系统的知识了。

你可能会说："该死的玻尔，你在回避话题！"并生气地跺脚离开，转而自己寻找另一种看待量子力学的方法。很多人都这么做了，这完全可以理解——至今仍有很多人在这么做。

量子力学，怪也不怪

06

诠释量子理论的办法有很多

（而它们都不怎么讲得通）

　　哥本哈根诠释有时被称为量子力学的"正统"诠释，但事实并非如此。它可能是最受欢迎的诠释，但并不占据压倒性优势。并不存在某种"正统量子理论"。

　　而我在前文也提到，甚至哥本哈根诠释本身也没有一个独一无二、高度统一的版本。截至目前，本书对"哥本哈根诠释"这一表达的使用都相当随意，接下来的部分也会一样，因为它的篇幅不容许我加上永无休止的限定词。有人认为"哥本哈根主义者"之间也从来没有过任何共同的核心观念，并认为"哥本哈根诠释"整个提法很大程度上是维尔纳·海森堡在 20 世纪 50 年代发明的（我认为这种说法比较可信），为的或许是巧妙地把自己重新归入玻尔所在的"哥本哈根阵营"。在此前的 1941 年，海森堡与他的导师玻尔在被德军占领的丹麦首都有过一场命运般的会面，讨论德国原子弹计划，结果不欢而散。不过，你如果想了解哥本哈根诠释的观点，最好是去玻尔那里寻找，而要反对哥本哈根诠释的话，也一定要跟玻尔争论。

跟玻尔争论可不会多么愉快，爱因斯坦深知这一点。玻尔的写作冗长沉闷，常常很是费解。他并不具有写作天赋——他在定稿前通常会反复不停地修改，结果也没什么明显的提升。但玻尔的文章之所以难懂还有一个原因，就是他总在加着一切小心地表达自己到底是什么意思。他说：

> 我们的任务是学会正确地，即毫不含糊、连贯一致地运用这些词语。

而问题在于，在量子力学中，要做到毫不含糊、连贯一致地表达甚至只是知道自己的意思，都几乎是不可能的，因为我们正在处理的概念相当"藐视"语言。魏茨泽克曾巧妙地描述道：

> 玻尔文章在表达方式上有着高度的含蓄性和谨慎的平衡性，这导致读他的文章很费力，但这恰与量子理论微妙的内容相和谐。

量子力学，怪也不怪

我们的任务是学会正确地，

即毫不含糊、连贯一致地运用这些词语。

　　玻尔在某些方面相当固执、教条，而且高深莫测。但他定义了一个极限，即关于量子力学我们可以确定地断言哪些事情，这一点值得褒奖。有些人怀疑玻尔的直觉压过了他可以用数学甚至语义给出充分理由的任何东西，如魏茨泽克所说："玻尔在本质上是对的，但他自己也不知道为什么。"

　　我们现在很清楚，玻尔的量子力学观无论从哪个绝对意义上讲都不可能是"对的"——他的观念太局限了，而他在那个时代也无法知道我们如今理解的一些事情。但关于问题到底出在哪里，他确实是对的，而且很可能他自己确实不知道为什么。

有些研究者仍然认为哥本哈根诠释的主导地位相当可疑，最好了也就是历史的偶然，最糟的话则是高效（甚至过分）营销的结果。诺贝尔奖得主、物理学家默里·盖尔曼就曾谴责玻尔"洗脑"了一代物理学家，让他们认为量子力学的各种问题已获得解决。盖尔曼称，哥本哈根诠释有"镇定"作用，让物理学家们变得麻木，失去了批判性。

哪怕你并不反对哥本哈根诠释，你也需要思考它的霸主地位在除开偶然的运气，以及众多拥趸在不屈不挠的玻尔的率领下使出的各种心机之外，还有没有别的什么原因。物理学家、哲学家詹姆斯·库欣认为，你完全可以想象此后对量子力学的各种竞争诠释在 20 世纪 20 年代就至少出现了一种，并获得了爱因斯坦和薛定谔的支持（他们从未接受哥本哈根观点），从而变成了标准叙事。只是事实并非如此。"哥本哈根诠释率先占领了山头，"库欣说，"而大多数做实事的科学家似乎觉得反对它没有意义。"

到目前为止，我多次以哥本哈根诠释为例来解释我们到底应当如何理解所谓的"量子力学之怪"。这并不是因为我也被洗脑到（至少我不认为如此）坚信哥本哈根诠释是正确的，甚至也不是因为我隐隐觉得这种诠释或许正确；

量子力学，怪也不怪

而是因为玻尔的图景能让我们最清楚地看到诠释会在哪些地方遇到问题，让我们分清我们可以确信地说出哪些内容，又该在什么地方放弃这种确信。哥本哈根诠释把我们知识的局限表达得非常明白，这是它的一大优点。我们知道对量子系统的测量似乎会让波函数坍缩，而我们又确确实实不知道它如何坍缩、为何坍缩甚至是否真的坍缩了。

但这一优点同时也是哥本哈根诠释的弱点。哥本哈根诠释阻止进一步的探索，从而让波函数坍缩成为一个谜——对此我们甚至要从原则上承认，没有解决之道。当然，哥本哈根诠释是自洽的——但如果永远拒绝处理棘手的问题，想要自洽也不是什么难事。有人把玻尔的学说看成是自暴自弃或是一种廉价的回避，都完全可以理解。它要求我们接受，在测量的一瞬间，宇宙的行事无异于魔法。

那其他解释呢？库欣那番话，不只是在说哥本哈根诠释成为主流仅仅是历史的偶然；它还意味着我们没找到其他明显的方法来解释震撼我们的量子力学奇异性。我们尝试的一切方法都无法将其赶走。因此，发展出多种诠释，并不意味着量子力学的失败，而是一种必需。我们需要用不同的视角来看待它，就如同我们需要从多个角度观察一尊雕塑才能全面欣赏它的美一样。

有些人说，认为哪一种诠释无法接受，只是个趣味问题。也许现阶段确实如此。无论如何，我怀疑，研究者们之所以选择某个思想流派"站队"，原因可能比他们愿意承认的更为模糊也更为主观得多。他们可能会认为某一个诠释对他们来说"讲得通"，并为此举出一些听起来很符合逻辑的理由，但其中一定掺杂了很多的直觉感受。最终，我们认为有说服力或者令人满意的观点，总会是最迎合我们的预设观念或偏见的那一个。从爱因斯坦、玻尔、海森堡、薛定谔、惠勒、费曼等人关于量子理论的观点中，我们可以窥见他们的不同个性，而从我们自己对量子力学的观感中，我们无疑也能看到一点点自己。

·

一直以来，人们内心都埋藏着一股冲动，要从充满数学符号的不透明硬壳之下为量子力学恢复其客观实在性。在此类行动中，最有创见的想法之一来自美国物理学家戴维·博姆，他于 20 世纪 40 年代在加利福尼亚在 J. 罗伯特·奥本海默手下工作，后来去了普林斯顿与爱因斯坦合作。博姆把路易·德布罗意提出的量子物体"波粒二象性"从一种互斥的选择变成了一种相互支持的伙伴关系。他提出，要描述量子实体，就需要粒子和波同时真的存在；粒子就像任何经典物体一样也是确定的物体，而波则引导着粒子

　　　　　　　　　　量子力学，怪也不怪

的运动——这种波有时被称为"导航（pilot）波"。这样一来，粒子的运动就完全是受决定的，即我们可以认为它拥有确定的位置和轨迹；而粒子会有一些未知、随机的变化，只是因为波的性质。因此，粒子性质的任何不确定性都具有经典性，只是我们不知道（也无法知道）所有的细节而已。

导航波是种相当神秘的东西：它是由某种名为"量子势"的弥散的、极其敏感的场（我必须强调，这种场纯乎假说）所产生的振动。它可以引导粒子运动，同时又不会施加任何我们平常所认为的"力"，就是说它不需要任何能量源。它的影响也不会像电磁力和引力等普通的力那样，随距离的增加而衰减。不仅如此，这种弥散的波还可以收集关于其周围环境的信息，并将其瞬间"传递"*给粒子，好相应地引导粒子的运动。这种粒子运动不一定表现得像经典力学中常见的那样，遵循平滑的直线轨迹，而且也会使量子粒子依赖于实验的特性、表面上的非定域性（non-locality）等成为可能。而我们如果尝试探测粒子的路径，就会干扰量子势，破坏导航波带来的干涉式表现——一如我们在量子双缝实验中所见的那样。

---

* 不过，量子势的这种行为并不违反狭义相对论，后者要求任何信号都不能超光速传播。而量子势极其敏感，因此只要尝试用它来传递信息，就会产生完全不可预测的现象，歪曲信息的内容。

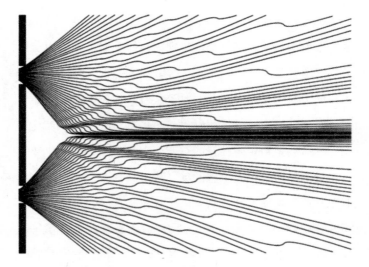

在博姆的"导航波"的引导下，双缝实验中的粒子轨迹。它类似于某种波动干涉图案。

　　由此，博姆将经典的粒子图景带回了量子微观世界。然而，恢复此种"底层实在"的代价是把所有的"量子性"都打包塞进了近乎奇迹的"量子势"中。

　　表面上看，这个关于量子势的想法没有什么不可能的；但也没有一丁点证据支持这种想法。而对博姆来讲，量子势的能力远远超出了量子力学的必需。他认为，量子势可以"主动"给粒子传递信息，这样的过程堪比心灵的活动，将整个宇宙变成了一个有意识的有机体。博姆认为这带来了一种"隐秩序",正是它承载着我们的感官所能感受到的"显秩序"。"思想"在宇宙中就以一种类似量子势的整体形式存在,而博姆表示,将其"分解为我的思想和你的思想,那就错了,就误入了歧途"。

这种近乎神秘的实在观让博姆在新纪元运动*中很受欢迎,但这有时也让人们忽视了他对量子力学虽嫌深奥但却相当深刻的反思。他留下了很重要的思想遗产,而"德布罗意—博姆诠释"(人们有时如此称呼)至今仍有支持者。然而,我们很难看到这种诠释有何益处。这一模型看起来确实是恢复了某种背后的实在性,让粒子存在于特定的地方,但代价却是要在量子势的准许之下才能把量子性赋予粒子。只有一小拨物理学家和哲学家认为这是一桩划算的买卖,而哪怕是爱因斯坦——尽管量子理论表面上都是在否认客观实在性,他却还是热衷于将其找回——都觉得博姆的想法"过于廉价"。一种反驳是,导航波诠释预测的粒子路径过于古怪,且与所有的观测结果都相冲突。也有人称,粒子路径只是看似如此,因为量子势的非定域性让

---

* 新纪元运动(the New Age movement)是 20 世纪六七十年代欧美兴起的一场社会与思想运动,它试图摆脱西方的文化传统,追求人与自然的和谐统一,强调自我反思、精神的觉醒。其追随者常热衷于通灵、神秘现象、替代疗法等。——译注

我们观察到的景象并不可靠——这样的辩解在某些人看来有点儿过于投机取巧了。不过最少最少，博姆的描述也指出了，要在量子力学中恢复经典式的粒子，我们需要怎样魔法一般的操作。

●

前面我们已经看到，波函数坍缩的问题在于，量子力学中并没有对它的指示，我们得人为加上它。那么，有没有可能是量子力学中缺了什么？如果我们"看到"的似乎就是坍缩，为什么不在量子力学中再加入一些数学表达来描述它？反正这不就是我们在科学研究中通常做的事吗？

要是真这么简单就好咯！可是对量子系统的每次测量，结果都与薛定谔方程本身完全相符，并不需要任何的额外修补。如果在方程上再加一个额外的项以迫使波函数坍缩，我们难道不就搞砸这番美好的和谐景象了吗？

还真不一定。1985 年，意大利物理学家吉安卡洛·吉拉尔迪、阿尔贝托·里米尼和图利奥·韦伯（三人合称为 GRW）对薛定谔方程提出了一种修改，它可以保证在恰当地选择数学参数后，方程仍能有效地描述微观世界，同时又迫使波函数在宏观世界中坍缩。

GRW 给薛定谔方程加了一个新的项，描述这样一种随机过程：随着时间的推移，它会不断地"刺激出"量子叠加态，直到它最后突然跳入其中一个态，获得一个固定、精确的位置。这种修补也够拙劣的：研究者只是找到了可以实现这一目的的数学函数，然后把它嫁接了上去。

但重点在于，我们可以自由调节这一"定域化项"，从而调整坍缩发生的时间尺度。这保证了物体越大，定域化发生得就越快。为这些附加效应选择一个合适的"强度"，就可以让宏观系统近乎瞬间就定域化，而像电子这样的典型量子系统在几十亿年的时间里都不会自发坍缩，也就意味着现实中我们完全不能指望可以看到这种情况。不过，在人们去测量微观粒子，于是使其与宏观仪器相耦合的时候，微观粒子确实也会发生波函数坍缩。

也许你觉得这听起来像是特殊借口，确实如此。但这也不是反对它的理由。在 GRW 修改过的薛定谔方程中，"坍缩"项怎么就不能碰巧被调节到一个特定值，让我们既拥有微观的量子性，又握有宏观的经典性呢？

不过，更成问题的是，完全没有任何证据表明这种效应是存在的。你可能会说："但我们确确实实就是看到了波函数坍缩啊！"然而，我们看到的并不是波函数坍缩，而只是未受干扰的薛定谔方程对量子系统非常合用，而决定论式的经典物理学则对大尺度的经典系统合用。波函数坍缩只是把两者草草拼凑起来的折中概念，而不是像原子的放射性衰变这样的可观察物理过程。

然而，GRW 对量子力学的修改却暗含了，波函数坍缩是实实在在的物理过程。果真如此，它就是物理学中一直未获知晓的全新过程，而我们应当能够找到办法来探测它。GRW 模型如今已经归属为一个大类，叫"物理坍缩模型"，即假设坍缩是某种实际发生的物理过程。

另一种物理坍缩模型由英国数学物理学家罗杰·彭罗斯和匈牙利物理学家拉约什·迪欧希在 20 世纪八九十年代分别独立提出，他们称，坍缩可能是在引力作用的干扰之下发生的。按这种观点，经典行为首先是物体尺寸（更准确地说是质量）的结果。大致来讲，他们的想法是，如果物体大到一定程度，能施加可观的引力，那么物体就会因引力的相互作用而"感受到"彼此的位置，而这会产生类似测量的影响，破坏量子叠加态。

物理坍缩必然意味着量子力学的"幺正性"（大略而言就是初始时不同的态会永远保持不同）会遭破坏。对彭罗斯而言，量子幺正性没什么神圣不可破坏的，它不需要"自始至终"都成立。彭罗斯表示，实际上量子幺正性显然不会一直成立，毕竟宏观世界中的板球并不能处于量子叠加态（而量子粒子不是据说像"板球"？）。因此他认为，

量子力学，怪也不怪

物理坍缩并不是为避免诠释上的困难才做出的拙劣修补，而是与其他所有科学假说一样，是由观测结果推动的。

物理坍缩模型的突出优点在于，它可以接受实验的检验和修正——与其说它是量子力学的一种"诠释"，不如说它更像是对量子理论的直接扩展。有些研究者希望观察一些大物体（大到足以受引力影响）的量子效应，以此来检验彭罗斯—迪欧希模型。这些研究计划通常很庞大，需要非常极端的实验环境和极为灵敏的测量手段。维也纳大学的马库斯·阿斯佩尔迈尔及其同事就希望在零重力下的航天卫星上进行一个名为MAQRO的实验：把一个直径为 10^{-7} 米（这在量子语境下已经很大了）的粒子置入一个量子叠加态，然后用激光去探测这个叠加态会多快消失——与地球重力下的同样情况相比较。根据彭罗斯—迪欧希模型，在两种重力环境下，叠加态的消失速度应该不一样。

●

最具争议（甚至可以说声名最为不好）的处理波函数坍缩的方式，是完全去除它：把它当成一种幻象，即它在宏观尺度上只是看似从多种可能性中选择了一种而已。我会在后文中再处理所谓的量子力学"多世界诠释"（又称"埃弗里特诠释"），但它有一个关键属性，就是不承认量子力学的适用范围存在任何局限性，即认为量子理论不仅适用于一个个光子和电子，也适用于整个宇宙，因此整个宇宙也可以被指派一个波函数。

我们还不完全清楚采取上述表达意味着什么，因为即使在原则上，我们也绝不可能将其以数学形式写下来（我们在后文中会看到，多世界诠释的问题比这还要深刻得多）。但"整个宇宙可以被看作一个波函数"（即"宇宙波函数"）的想法很受宇宙学家的欢迎，理由也很充分：因为在大爆炸后的极短时间内，整个宇宙的体积比一个原子还小，此刻的宇宙当然应该被看作一个量子力学实体。

这样一个波函数需要包含可能设想到的所有的宇宙态，但并不是每一个态最终都会实现——具体来讲，在大尺度上，只有一些特定的经典态才能够存在。为什么呢？20世纪80年代，先是物理学家罗伯特·格里菲思，继而是罗兰·翁内斯，以及默里·盖尔曼与詹姆斯·哈特尔，三方都分别独立提出了"一致历史诠释"（the Consistent Histories Interpretation），根据这种诠释，我们只用纯逻辑就能排除一些选项。该诠释会说，尽管量子力学不允许量子系统选择特定的结果（"这个"还是"那个"），取而代之的是每种结果都对应一个特定的概率，但我们仍然有理由宣称，任何发生的事情都必须与之前发生的事相一致。

这样一种逻辑一致性的标准意味着，并不是每一种历史都能被指派一个概率。量子力学允许我们在一致的历史与不一致的历史之间做出概率上的区分。

这一观点能帮助我们更清晰地分析双缝实验。通常应该是，我们如果不去测量粒子的轨迹（这种情况下我们会看到粒子打在屏上形成的干涉图案），就不知道粒子走了哪道狭缝，因此只能说粒子同时走了两道狭缝。但一致历史的观点告诉我们，这种情况下讨论粒子的轨迹根本没有意义，因为从形式上讲，量子力学的数学就不可能给粒子各走其中一条轨迹的情况各指派一个概率。因此，不是"因为粒子同时走了两道狭缝，所以有了干涉图案"，而是"干涉图案这种结果并不包含对粒子轨迹的有意义定义"。尝试对观测结果进行某种模糊的微观诠释，只是错误地绕开了问题；对某些特定结果而言，根本就不存在逻辑上有意义的微观诠释。

一致历史诠释提供了一个清晰的方法，让我们能思考玻尔认为的量子力学中"可说"与"不可说"的东西。我们并不是因为不知道怎么回答某些问题而干脆禁止它们，而是承认量子力学没有能回答这些问题的数学方法：就好像我们不能指望简单的数学计算会告诉我们一个苹果尝起来是什么味道。在这一方面，一致历史诠释是一个很有价值的工具。但它无法像其他诠释那样提供一幅物理图景——这也正是为什么它与某些其他诠释也并不矛盾。

●

匈牙利数学物理学家约翰·冯·诺伊曼属于将波函数坍缩变成量子力学的一种"官方"成分的最初一批人，他将其收入了自己 1932 年出版的量子力学教材中。冯·诺伊曼指出，坍缩是通过观察者的介入而发生的，因此他认为，坍缩一定与观测活动本身有关。同样来自匈牙利的物理学家尤金·魏格纳由此提出假说：坍缩或许来自对量子系统的"有意识介入"，即它是由我们的心灵造出来的。这无疑是个疯狂的想法：原本量子系统变成经典系统的一刻就是我们测量的那一刻，但这个时刻可能被无限推迟；而魏格纳的想法则是试图将这一推迟变有限。

魏格纳用一个思想实验阐释了他的想法，今天我们称这个实验为"魏格纳的朋友"。假设魏格纳去测量某量子叠加态，则可能的结果有两种：产生了一道可观测的闪光（对应于量子系统位于其中一个波函数所描述的态上），或是没有产生闪光（对应于量子系统位于另一个波函数所描述的态上）。只有产生闪光（或未产生闪光）的结果被记录下来，我们才能有意义地确定量子系统实现了哪个结果，进而才能认为叠加态已然坍缩。

现在，假设这个实验是在魏格纳离开实验室后才进行的，并由他的朋友来进行观测。如果我们从量子力学的角度考虑这一情况，维格纳只有从朋友那里知道了测量结果后，才能有意义地说波函数已经坍缩了。这不仅仅是因为魏格纳在此之前不知道结果——量子理论也不容许魏格纳将除了最终结果之外的其他态作为真实事件来讨论。

在这一观点中，在魏格纳被告知结果之前，（对他来说）朋友自己也处于叠加态，直到他从朋友口中提取出信息，从而让这个叠加态坍缩。但这样一来，我们似乎就陷入了无穷倒退：在把这个消息告诉在旁边一幢大楼里焦急地等待实验结果的另一些朋友之前，魏格纳自己（对这些朋友来说）是不是也处在叠加态中？坍缩会随着关于实验结果的消息的传播而在整个地球上散布开来吗？波函数的坍缩又由哪个观察者来"决定"呢？

这一想法还有很多很多其他问题。比如说，一次"有意识的观察"要由哪些要素组成？如果一条狗看到了量子实验仪器的指针读数——或者换成观察一只灯泡的开关状况这种即使一条狗也可以记录并在某种意义上汇报出来的现象——这会引起波函数的坍缩吗？实际上，即使是果蝇也能被训练得对某些类刺激做出反应，从而能指示出量子实验的结果……

那么，意识是在哪个时刻进入整幅图景的呢？而且，我们依然缺乏关于心灵、大脑和意识的理论，又如何能言之凿凿地把各种量子概率坍缩成单一确定结果的现象归因于心灵呢？

特别是，如果坍缩是由心灵引起，我们似乎就需要为心灵赋予某种区别于其他实在的特征：让它成为不遵循薛定谔方程的某种非物理实体。不然它还能通过哪种其他物体都做不到的方式来与量子过程发生作用呢？

或许最大的问题在于，如果波函数坍缩依赖于有意识的生物的介入，那在我们地球尚未演化出智慧生物之前，又发生了什么呢？难道那时候的波函数就一直在以量子叠加态的形式连续不断地发展吗？

在这种"意识引发波函数坍缩"的前提下，约翰·惠勒提出了一种出色的宇宙演化观。如果"注意"（即观察）这一行为不只是汇报了现象，而且还产生了现象，把"确实发生的事"从"各种可能发生的事"中提取了出来，那会不会是能执行"注意"的生物将一系列有可能发生的过去转变为了某一种真实具体的历史呢？有没有可能只有当我们观测并记录了过去的量子事件，即无数粒子的相互作用之后，它们才变成了实际发生的事件呢？惠勒为它的双路径量子实验（前一章描述过）设计了一个宇宙学版本：遥远的星系因其引力而使经过它的光（这些光子来自更遥远的天体）发生光路弯曲，从而为提供了两条不同的光子路径：一条笔直，另一条就是已经弯曲的路径。最后，它们都到达地球上的同一台探测器。这样的光子在经过这样的"引力透镜"星系时，可能是几十亿甚至上百亿年前了；而如果在探测器前放一个分束器来探测光子会不会发生自身干涉，我们就能确定我们是不是可以翻回头来说这些古老的光子是走了一条路径，还是同时走了两条路径。

更广泛来讲，我们"注意"今天的事物如何变化，或许就是在提取它们在过去从众多条量子路径中选择了哪条——从这种意义上讲，我们每个人都会参与到宇宙自诞生之初的演化过程之中。

但我不清楚，上述想法怎么就有意义地改变了我们关于"宇宙如何发展至今"这一问题的某些了解。假设月球及所有能表明它存在的地质学证据，只有在被抬头看见（被谁或什么看见？第一个人属生物，还是一只霸王龙？）之后才存在，这在我看来没有多大意义。不过，惠勒的"参与性宇宙"作为探索量子观测的意义的一种思想实验存留了下来。

·

玻尔禁止我们超出特定实验产生的效应去讨论任何客观的量子实在，这种禁令也只能到此为止了，因为玻尔坚持认为客观性只有在经典领域中才会浮现。而量子世界的规则为什么要切换到经典世界的规则？玻尔坚持认为，量子世界和经典世界是两个完全不同的经验领域，而它们之间的鸿沟则被一个叫"互补性"（complementarity）的词所掩盖。玻尔认为，世界包含了很多组互补的元素，每一组各方都互斥存在，因此我们不能同时知道各方面的信息。某种意义上，这似乎是真的，但只靠吟诵有力量的词句并不足以为鸿沟开脱。

量子力学的另一种诠释就拒绝这种便宜法门，那就是"量子贝叶斯诠释"（Quantum Bayesianism，简写为QBism，发音很有趣，同 cubism[立体主义]），由物理学家卡尔顿·凯夫斯、克里斯托弗·富克斯和吕迪格·沙克在 21 世纪的最初几年提出。你可以说，这种诠释比哥本哈根派还要哥本哈根派。玻尔说过，量子力学的目的不是告诉我们关于实在的内容，而是预测测量的结果。而量子贝叶斯诠释更进一步，把这种理念推广到了一切事物上：不管是量子事物还是经典事物，只要观察者没有有意识地感知到它，它都不存在。

换句话说，在量子贝叶斯诠释支持者眼中，量子力学

　　　　　　　　量子力学，怪也不怪

可以用来描述观察者之外的一切事物。因此，它也完全可以描述宏观态、宏观物体的叠加，比如薛定谔的猫、魏格纳的朋友等等了。可我们绝不会观察到这类现象，又怎么能描述它的意义呢？量子贝叶斯诠释就可以。它认为，我们所指的所有量子力学情况，都是关于结果的"信念"，而不同观察者有不同的信念。这些信念只有在影响了观察者的意识后才会成为事实，因此事实要依每个观察者而定（尽管不同的观察者可能会认同同样的事实）。

量子贝叶斯诠释的想法源自经典的贝叶斯概率论，它由英国数学家、牧师托马斯·贝叶斯在 18 世纪提出。在贝叶斯统计学中，概率并不是由世界上的某些客观事态定义的，而是由各人对不同事情发生概率的信念程度来量化的——随着不断接收新的消息，我们会更新信念程度。

不过，量子贝叶斯的观念比"不同的人知道不同的事"深刻很多。它断定，一旦超出自我，我们谈论的任何事情都没有意义。这听起来好像极端的"唯我论"（solipsism），但其实不然。你可以说，它只是接受了这样一种实情：我们不可避免地被固锁在我们自己的意识之内，这就是我们的本性。它并不否认在此种主观经验之外还存在别的事物，但它否认我们能了解它们。

量子力学一般会假设存在一些有意义的量子态，而相关的数学则会告诉我们，关于这些态我们能知道什么信息。但根据量子贝叶斯诠释，客观的态并不存在。反而是"量子态代表的是观察者的个人化信息、期望和信念程度"，这是富克斯的看法。他还表示，这一观点"让人把所有量子测量事件都看作一个个小小的'创世瞬间'，而不是在揭示什么事先已经存在的事物"。

如果把这种态的主观性观念延伸到传统意义上的量子世界以外，我们就会发现，量子力学中很多看似悖论的问题就都消失了。根据量子贝叶斯诠释的观点，魏格纳的朋友只是对于魏格纳而言才处于叠加态，因为魏格纳尚未观察她，因而不知道她看到了怎样的实验结果。但在这位朋友自己眼中，她并不处于叠加态，也不会体验到那种"同时处于两个态"的奇特经历。

这听起来也像是一种骗人的花招，而且与有诸多限制的哥本哈根诠释相比，量子贝叶斯的世界甚至更加无法触碰、不可言说——玻尔禁止我们针对量子世界讨论的一切方面（即想象我们的测量能力之外还有某种客观实在），如今也都应用到了经典世界之中。为什么要付出这么大的代价呢？毕竟在经典尺度下，客观实在性——即物体的性质在我们观察它之前就已经存在了——的存在似乎是显而易见的。量子贝叶斯诠释难道不是退回到了无法证实的诡

　　　　　　　　量子力学，怪也不怪

辩吗？它要消除量子力学的"怪"，办法怎么能是把一切都变得很怪呢？

　　如果这么看待量子贝叶斯诠释，那你就错了。量子贝叶斯诠释并不是像有些人认为的那样，要走向自负的极致，认为"实在"只是我们的心灵构想出来的幻象。它确实是量子力学的一种诠释——它只诠释理论，而不会对理论之外的东西发言。它只是主张这样一个客观世界确实存在，而量子力学就是我们理解这个世界所需的理论框架。量子贝叶斯派表示，这一理论框架之所以有这样的形式，是因为这个世界的本质就是我们的介入会带来影响。我们会影响何事会变明朗。这并不意味着我们会决定一切或大多数发生的事情，实际上我们几乎不能影响任何东西。但就在我们能影响的那些事情上，我们触及了世界之实在的本质，而且在这种本质产生的结果中起了作用。

　　量子贝叶斯诠释以一种非常微妙的方式欣然接受了量子力学中那出了名糟糕的"观察者效应"。我们这样的决策主体会被宇宙中的某个小片段吸引注意并与之互动，而贝叶斯诠释使量子力学成了理解这一情况的必需。

　　你可能会抱怨，这一诠释是通过矮化量子力学来穿行于这一理论的各种谜团和悖论之间的：它拒绝讨论我们经验之外的现实／实在。但其实从定义上讲，我们又怎么能期望有超出经验的知识呢？而量子贝叶斯诠释也没有对经验之外的事物——比如是什么让世界成为需要量子力学的地方——完全缄口不言。用富克斯的话说，我们被允许窥见的东西表明，世界并没有被固定在某种死板的决定论机制中，而是拥有某种"创造性和新奇性"、一种近乎刚好无法为各种规律所及的无规律性。在本书的最后，我会重新回到这个骚动人心的观点。

•

关于量子力学还有一种少获提及但不乏影响力的"诠释"，可以用阿舍·佩雷斯和克里斯·富克斯在 2000 年发表的一篇论文的标题来总结："量子力学不需要诠释"。有些研究者坚持认为，量子力学的问题已被完满解决：没有遗留诠释上的困难，也没有什么模糊歧义或基础问题有待解决。这一立场要求我们干脆接受某些给定的情况——不是因为它们是量子理论中不可或缺的输入信息，而是因为解释它们超出了量子理论力所能及的解释范围。

具体来讲，我们必须接受两点：(1) 事件是存在的，(2) 它们会以特定的概率发生。爱因斯坦可能会这么说：上帝掷骰子，但骰子最后停下时一定有一面朝上。*在这一基础

---

* 爱因斯坦反对概率诠释，曾说"上帝不会掷骰子"。另见本书第 159

上，量子力学就可以准确地预测出概率，它也确实做到了。如果量子力学说某事件会以特定概率发生，我们就无法在理论中再加入任何内容来增加它发生的概率，同时又不在别的方面带来麻烦。当然，你可以问"真实发生的到底是什么"，比如提出"身心问题"（mind-body problem）或"自由意志问题"，但这些都属于哲学范畴，而非物理学范畴。物理学家贝托尔德-格奥尔格·恩勒特是量子力学"完备性"观点的支持者，他说：

> 假如不是有那么多的争论者习惯于给形式系统的数学符号赋予多于它们不该拥有的意义，我们是可以满足于量子力学的现状的。尤其是，不少人喜欢把薛定谔波动方程本身看作一个物理对象，因为他们忘了或说拒绝承认，那只是我们用来描述物理对象的数学工具而已。

恩勒特认为，关于量子力学的各种争论都是"浪费在伪问题上的勤奋努力"，但他的这番自信并没有得到很多认同。反对者的理由很多就在恩勒特自己的评论之中：薛定谔方程确实是描述物理对象／物体的工具，但正因为我

页。——编注

们讨论"物体"，反而凸显了其问题性——因为我们不可避免地要思考这样的物理对象的本质是什么。答案之一是把问题引回薛定谔方程本身：关于物体，薛定谔方程就是我们可说的一切了。是的，但它只是描述物体的工具啊，我们总可以透过这个数学工具来探讨物体本身吧？但这么做又会把我们引向何方？问题于是连绵不绝。

如富克斯与佩雷斯所说，我们唯一能要求科学做的事，就是让它给我们提供一个理论，能做出可以通过实验来检验的预测。如果它们同时还能包含一个关于独立"实在"的模型，那是再好不过了，但他们说：

> 没有什么逻辑必然性能保证我们总能获得这种实在的世界观。如果在这个世界上我们就是永远不能找到一个独立于实验活动的"实在"，那我们也只能为此做好准备。

然而，我们就算接受这种局限性，也不能说我们已经从量子力学中挤出了所有可能得到的见解。怎么看都不太可能，量子力学这个由碰运气的猜测和小聪明的技巧组成的大杂烩，这个有着从本体论看像谜一般的形式系统，却产生了惊人准确性的别扭理论，会是描述物质的最终理论。

过去数十年间量子力学的实验与理论探索也还没有帮

　　　　　　　　量子力学，怪也不怪

我们在众多诠释中筛出好坏，甚至反倒可能鼓励了诠释种类的进一步增殖。戴维·默明曾经挖苦地说道，新的诠释不断涌现，旧的诠释却从未消失。

但这些近期研究确实让问题变得更明确了，并且把大家的注意力集中到了玻尔和爱因斯坦的同辈们未曾注意的一些方面。然而令人称奇的是，玻尔与爱因斯坦讨论的内容如今依然关系重大，这是他们同时代的物理学家所不能企及的。因为我们现在可以史无前例地更清楚地看到，他们争论的焦点到底是什么。

07

不管问题是什么，答案都是肯定的

（除非答案是否定的）

量子力学可能看似很"怪"，但并非没有逻辑，只是遵循的是一种我们不熟悉的全新逻辑而已。如果你能把握这种逻辑，能接受量子力学的运作机制，量子世界看起来就不怪了，而只是有着不同风俗和传统的另一个地方，也拥有它自己优美的内在一致性。

量子逻辑描述了我们如何从抽象的数学态中得到可观测、可感知的测量结果。可我们为什么需要这种规则？在日常世界中，我们要从一个地方去另一个地方，直接去就可以了，不需要什么"指南"。描述我的杯子的态的属性之一是它是绿色的，当我要"测量"它的颜色（这时就是说我要看它）时，它的绿色属性就会被我记录为"是绿色"。这一过程用语言来描述都显得有些可笑：我说的不过就是，

量子力学，怪也不怪

因为我的杯子是绿色的，所以我看到它是绿色的。

从经典态出发去做测量和观察，相关的预测会平凡无奇（"某态具有属性 X，所以我测量到属性 X"）；而在量子力学中，此类预测可就绝不平凡了。前文提到，由波函数描述的量子态包含了关于量子系统我们所能知晓的一切，因此任何能被测量的属性都包含在其中某处，不在其中的话就不能被测量。但它不提任何"被测量到"。

那么"能被测量"是如何变成"被测量到"的呢？

•

我们先来探讨组成一个量子态的有哪些属性。我们（或许物理学家除外）通常把世界看作由"事物"——树木、人类、空气、星体等——组成的集合。这些事物都有特定的属性：颜色、重量、气味，等等。有些属性的定义可能有点儿模糊（如"质地"），还有些属性可能是物体与其环境的某种相互作用方式所产生的复杂结果（如"光泽性"），*但我们通常都可以通过把"事物"本身（如果不说"物自身"

---

* 我有意选取了物质方面的属性，忽略了那些给世界赋予了人类价值观的性质和抽象概念。量子力学无法描述它们，因而如果一位科学家没有整天对各种"万物理论"夸夸其谈（即便是这些万物理论也对我们大多数人最重要的事保持沉默），他也无须表示歉意。

的话）拆解、还原成更基本的事物：比如将它们的物质组成确认为有多少种不同类型的原子排列。

但日常宏观尺度上事物的这些属性到微观尺度上就不一定仍有意义了；有些就失去了意义，比如电子就没有颜色，也没有可定义的尺寸大小。但电子依然有一些我们熟悉的其他属性：质量、速度、能量和电荷。有些微观尺度的属性，名字与宏观尺度中相同，但彼此的意义天差地别。例如质子和中子的基本组成部分夸克，就有一种属性，名字是"色"（colour），但这种"色"与我们通常所说的苹果的红色、树的绿色毫无关系，只是一种区分夸克的不同类型以及它们之间不同相互作用的标签。物理学家也可以管它叫个别的名字，如"蔟"*——不管怎样，人类语言中都没有现成的词可以用来表达这个概念，所以他们从现有的词中借了一个"颜色"（好坏且不论）。

还有一个量子尺度的属性是也没有日常生活中的类比，叫"自旋"（spin）。同夸克的"色"一样，这是用我们熟悉的词来表示完全陌生的用途。但对于自旋来说，物理学家选择这个名字有充分的理由。我们值得去探究一下这个理由，这不仅是为了了解物理学家引入这个看似容易

---

* 原文为 flotch，在英语中无甚意义。——译注

　　　　　　　　　　量子力学，怪也不怪

让人混淆的术语到底有何正当性，也能让我们更深刻地感受到，为什么说量子理论的历史，就是人们在努力摆脱获得经典描述方式的诱惑的历史。

自旋概念的引入，一开始只是为了给电子贴上"标签"，并没有提这个标签对应何种特征。尼尔斯·玻尔在1913年提出，原子中的电子携带的能量是量子化的，并规定不同能态的电子填充在不同的"壳层"里；粗略而言，在从内到外的壳层中，电子能量不断增大。每个壳层还有次级结构：每层都包含不同种类的电子轨道——严格地说是"轨域"，因为我们已经知道，电子并不会像月球绕地球或行星绕太阳那样，沿特定轨迹绕原子核运动。因此，我们可以用电子的所在壳层、轨域类型，以及在一众等价轨域中它到底占据着哪个特定的轨域这三种特征来界定电子，这三种标签就叫"量子数"，它们就是三个数：比如第一壳层的电子，它们的"壳层量子数"（用 n 表示）就是1。

1924年，沃尔夫冈·泡利认为，原子中的电子还需要被指派第四种量子数。他称，如果假设每个电子轨域最多容纳两个电子，那么我们就可以解释原子光谱（原子中的电子在不同能态间跃迁时吸收或辐射光的模式）的典型特征。如果量子数只有三个，规定电子的壳层、轨域类型和同一类型中的特定轨域，那么同一轨域中的两个电子就会被标记为全同，没有任何方法能把它们区分开。但如果有了第四量子数，就可以把同一轨域中的两个电子贴上不同的标签，这样，原子中的每个电子就都有了一个独一无二的量子数"条形码"，这些量子数一同确定了它的量子态。泡利提出，没有哪两个电子能处在同一个量子态中：在任何给定原子中，每个电子都必须有一套独一无二的量子数。

泡利意识到，这条规则可以解释化学元素在周期表中的排列结构。随着电子逐渐填满壳层和轨域（每个轨域可填两个电子），不同的元素形成周期表上的"族"，并依此排列。在周期表上同一行从左往右看，每个元素的原子都比前一个元素的原子多一个电子，这个多出来的电子占据了空位中能量最低的"一格"。每当一个新的壳层被填满后，紧接着的一个元素就会在周期表中新开始一行。正是这些壳层与子壳层容纳电子的能力，决定了元素周期表的这种有组织结构；而在泡利提出不相容原理之前，周期表的这种结构只是一个谜一般无法解释的经验现象。

这就是物理学研究的过程：你确实可以生造出一个新的属性来解释观察到的现象，把这一属性对应着什么的问题留到之后再考虑。那泡利新提出的第四量子数到底指的是电子的什么属性？第二年，荷兰物理学家乔治·乌伦贝克和萨缪尔·古德斯米特提出，电子或许会像陀螺一样绕

　　　　　　　量子力学，怪也不怪

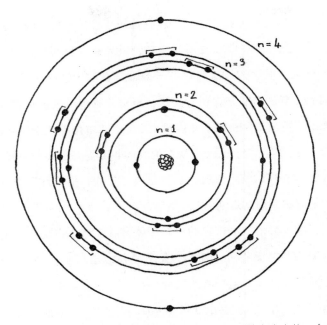

原子中电子排列的粗略示意图。电子排列在以原子核为中心的一个个壳层上，每个壳层以一个量子数（*n*）来标记，并又分为几个不同的轨域（以另外两种不同的量子数来标记），每个轨域可容纳两个电子，在图上表示为用方括号连起来的两个电子。第四量子数（自旋）把同一轨域中的两个电子区分了开来。上图是高度示意性的——电子实际上不会沿圆周轨道运动，而是在空间中分布成更复杂的形状。这张图展示的是锌元素的电子排布。

着一个轴旋转，而泡利提出的第四量子数指的就是电子是顺时针自转还是逆时针自转。1925 年，二人把这一想法写成了一篇短小的论文。

1925 年更早些时候，一位在德国工作的年轻德裔美国科学家拉尔夫·克罗尼希先于乌伦贝克和古德斯米特想到了自旋的概念，但泡利对电子绕轴自转的想法极为鄙夷，因此克罗尼希从未尝试发表这一想法。直到乌伦贝克和古德斯米特的论文引起了热烈讨论之后，克罗尼希才意识到，自己应该勇于坚持己见（反对泡利的想法需要很大的勇气，因为泡利那时候虽然自己也只是个年轻人，但已经因智识和措辞尖刻而远近闻名）。

电子要是一个带电的旋转球体，就应该也有磁性。电与磁相互交缠不可分割，这是迈克尔·法拉第在 19 世纪初的发现。因为电与磁的这种关系，就有了变化的电流会感应出磁力，这就是电动机的原理；反过来，受力驱动（如水流或气流的作用）而旋转的磁体也会产生电流，这就是涡轮发电机的原理。

而有些整个的原子，就是有磁性的。1922 年，两位德国物理学家奥托·施特恩和瓦尔特·格拉赫发现，原子可能是有磁极的——术语叫"磁矩"（magnetic moment），这里"矩"的意义和它在经典力学里一样，表示能够引发旋转的力。如果把这类原子塞到两个磁体之间，让它们穿过方向是从 N 极指向 S 极的磁场，它们就会受到磁场力，磁场力的大小和方向取决于原子的磁极方向与作用于它们的外界磁场的方向的相对关系。这种磁场力可能会让它们偏离原本的轨迹。

在电子自旋的概念建立之后，物理学界迅速意识到，施特恩—格拉赫实验可以用原子中的电子带有磁性来解释：一个原子的总磁矩，是其电子的磁矩之和。如果每个轨域包含两个电子，那么这两个电子的自旋应当相反，它们磁矩的方向也相反，于是相互抵消。但如果原子包含的轨域中有未成对的电子，那这些未成对电子就会给整个原子贡献净磁矩。后来，物理学家发现原子核也可以有磁矩，取决于其中质子和中子的组合情况（质子和中子也有自旋）。于是，原子的总磁矩就是电子磁矩与原子核磁矩之和。

如果电子确实是自旋的带电粒子，它们拥有磁矩就说得通。然而，施特恩与格拉赫发现，电子的磁矩是量子化的，即只可以取特定的值。具体来讲，它只能取一个值，不比这大也不比这小。这也不是特别令人意外的事，毕竟在那时，量子化已被认为是电子这类粒子的基本属性了：应该说量子力学一开始都是围绕着量子化而展开的。要自然地理解电子磁矩的量子化，那么电子的自旋就只能有两个值：自旋的速度是一定的，而方向则要么顺时针，要么逆时针。

所有这一切形成了一幅清晰直观的图景：电子进行着量子化的自旋运动，且由于它带电，自旋让它拥有了磁矩。

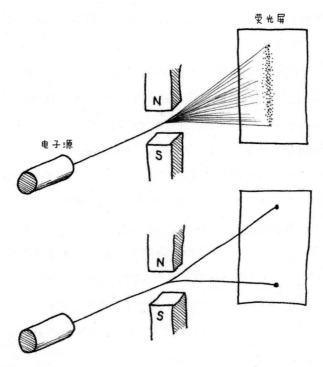

施特恩—格拉赫电子实验。如果电子的自旋、进而其磁矩可以取任意值，那我们预期的实验结果应该是电子在磁场作用下可以在一个范围内偏转，在屏上形成条带（上图）。但实际上，电子束只向两个方向各偏转一个固定的距离，形成两个点，这是因为电子自旋是量子化的，只能取两个方向相反的可能值之一（下图）。

这幅图景只有一个问题。

自旋的速度与一个名为"角动量"的量有关，它指旋

　　　　　　　　　　　量子力学，怪也不怪

转物体的动量。沿直线运动的物体具有"线动量",等于物体的质量乘以速度。类似地,角动量也与旋转物体的质量和旋转速度的乘积相关。但在考虑自旋电子的角动量与其磁矩之间的关系时,我们发现了些怪事。如果用经典力学和电磁理论分析,我们会发现,电子需要转两圈才能回到它的初始位置。

这句话听起来毫无意义。按照定义,物体回到初始位置就是"转了一圈";如果转了一整圈,却离开初始位置还有"一半",这又是什么意思呢?

这意味着,电子的自旋并不是通常意义的自转。电子到底"做了什么"从而产生了磁矩,我们并不清楚。经典物理学告诉我们,带电物体的旋转如何产生磁场,但发生在电子身上的不会是这一过程。对电子的这种情况,我们无法使用日常生活中的图景来理解。因此,如果你在什么地方读到(有的书里确实会这么写)电子的量子自旋很"怪",因为它要转两整圈才能完成一个"完整周期",别太当真。我们根本不知道如何描绘量子自旋。自旋这种属性会让粒子像磁体那样对外界磁场有所响应,仅此而已。自旋完全没有经典式的类比。哪怕在某些方面量子自旋确会产生类似于经典自旋会产生的效应,但就如伦纳德·萨斯坎德所说:"任何用经典方式来形象化描绘自旋的尝试都大大地偏离了重点。"

自旋在量子理论中意义重大。事实表明，基本粒子有截然不同的两类：一类粒子的自旋量子数是整数（0，1，2，…），另一类的则是半整数（如 1/2*）。前一类粒子称为"玻色子"（boson），所有"传递"基本作用力的粒子都是玻色子，如"胶子"（gluon，传递把原子核中的各成分捆绑在一起的强核力）、W 玻色子和 Z 玻色子（传递与 β 放射性衰变有关的弱核力），以及光子（传递电磁力）等。你大概也听说过"希格斯玻色子"，它与粒子获得一部分质量的方式有关，目前为止它是唯一自旋为零的基本粒子。而自旋为半整数的粒子称为"费米子"（fermion）：电子、质子、中子（质子和中子则由名为"夸克"的费米子组成），等等——它们组成了我们日常所见的物质。

自旋就这样将基本粒子分成了两大类。为何如此，无人知晓。但很多物理学家希望，我们在利用位于日内瓦 CERN 粒子物理学中心的大型强子对撞机执行超出粒子物理学标准模型的探索时，能发现玻色子与费米子间的底层

---

* 自旋为 3/2、5/2，以及再往上的基本粒子，理论上有可能存在，但从未被观测到。有些理论预言了自旋为 −3/2 的粒子，将其看作神秘的"暗物质"的候选成分（暗物质组成了宇宙质量的约 4/5），或是量子引力理论的组成部分——但量子引力理论还远未成形。

联系——或许要借助一种名为"超对称"的新物理学原理。

·

我说自旋是量子化的，意思是说我们如果测量粒子自旋引起的磁矩，只能得到一个量值，但有两种可能的方向。就是说磁矩只有一个"大小"，但可以指向两个相反的方向，我们可以粗略地称它们为"自旋向上"和"自旋向下"。这听起来或许很直接——毕竟，量子力学不就是关于离散的量子化情形的吗？但量子化并不完全如其所暗示的那样，意味着量子的物理量必须取一些特定值，而不能取其他值。量子化这一属性，并不属于我们所研究的系统，而是属于我们对系统进行的测量行为。

假设我们要测量电子的自旋。我们已经知道（我在前文说过了）自旋的"大小"是 1/2（不用考虑单位），我们只需要测量其方向。

先定义一下参考系，也就是空间的方向网格：我们把上下方向称为 z 方向，水平的两个方向（可以说是南北和东西）分别称为 x 方向和 y 方向。一般而言，电子的自旋可以指向任何方向：x、y、z 或其间的任何方向。我们在概念上可以把自旋方向按三个坐标轴分解成三个分量，分别标记为 σ_x、σ_y 和 σ_z。如果我们把自旋想象成指向空间某个方向的旗杆，那么这些分量就可以想象成垂直于 x、y、z 三个方向上照到旗杆上的光在这三个坐标轴上留下的旗杆的影子长度。比方说，如果自旋沿着 z 方向朝上，那么 $\sigma_z = +1/2$，而 σ_x、σ_y 都为 0。

　　我们可以"制备"具有特定自旋态的电子，方法就是把这些电子的自旋定位在磁场中——就像把一根针吸在磁铁上，针里所有铁原子的磁矩就都指向一个方向那样。假

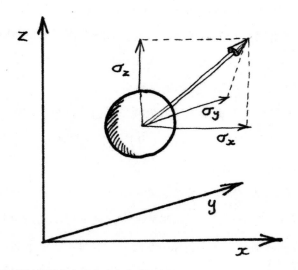

这张图描绘了我们在经典意义上设想的电子自旋分量：自旋指向某任意方向，三个分量 σ_x、σ_y 和 σ_z 则代表自旋在三个坐标轴上的投影。但我们不清楚是否能把这张图与任何物理实在联系起来，因为测量任意一个自旋分量，给出的值都只能是 ±1/2，不管你的测量设备朝哪个方向。

　　　　　　　　　　　　　　　　量子力学，怪也不怪

设我们把这些电子设置为沿 z 轴"自旋向上",然后测量这些定向电子其中一个的 σ_z,我们应该会得到 $+1/2$ 这个值。

实际测量的确会得出这个结果。有时候量子实验就是能知道我们会得到什么结果(因为我们就是这么设定的)。

要测量电子自旋的 z 分量,一个简单的方法是做一次施特恩—格拉赫实验。我们让电子束穿过两个磁体之间的空隙,让空隙处的磁场沿 z 方向。这些具有自旋方向的电子会在磁场的作用下都往同一个方向偏转,于是电子束发生弯曲。相反,如果我们没有刻意设置电子在 z 轴方向上

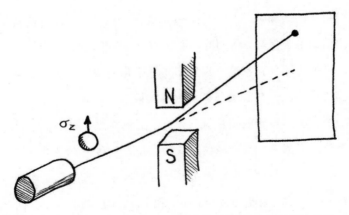

如果我们事先制备了自旋分量 σ_z 为 $+1/2$ 的粒子,那么测量粒子的 σ_z,的确会得到期望的结果;在施特恩—格拉赫实验中,电子束会整齐地向上偏移。

的自旋，使其完全随机，我们就会看到电子束分成整齐的两束，"自旋向上"（+1/2）的电子朝一个方向偏转，"自旋向下"（−1/2）的电子则朝另一个方向偏转同样的量。

那电子自旋的 x 分量 σ_x 又是多少呢？应该为零，对吧？因为我们制备电子的时候是让它的自旋沿 z 方向的，因此它在 x 方向上投下的"影子"，应该"长度"为零。

那我们就测量一下看看。我们让刚刚在测量 σ_z 的实验中已经偏转了的电子束继续通过两个水平放置的磁体，它们会形成沿 x 方向的水平磁场——即进行第二次施特恩—格拉赫测量。如果 $\sigma_x = 0$，那么这束电子应该不会再次偏转。但电子束却偏转了：电子束被一分为二，意味着实际上每个电子的 σ_x 都取了 +1/2 或 −1/2 的两个值之一，而且取两个值的电子平均比例相等，即这两个值随机混合了。

发生了什么？这一现象正是量子化的结果。我们如果测量这些粒子自旋的任意分量，其取值一定是 ±1/2 中的一个，因为自旋的测量值只允许取这两个之一——量子化就是这个意思。而"经典"式的期望，依然是在平均意义上成立。如果对任意单个电子做这个实验，我们会先测量到 $\sigma_z = +1/2$，然后是 σ_x 为 +1/2 和 −1/2 中的随机一个，因此如果多次重复这一实验，我们会发现 σ_x 的均值确实为零。

于是，从经典式类比中得到的预期，能被多次测量证

　　　　　　　　量子力学，怪也不怪

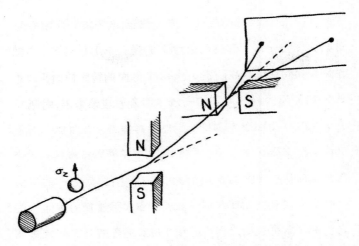

对自旋的测量结果只能取 ±1/2。因此若设粒子的自旋为 $\sigma_z = +1/2$, $\sigma_x = 0$, 则测量只会得到 $\sigma_x = \pm 1/2$, 且两个值概率相等——其平均值为零。

实,但与任一单次测量都矛盾。仪器仿佛"知道"这一点：我们一开始设置粒子自旋沿 z 方向时, x（和 y）分量就"应该"为零,但仪器给不出这样的结果,因为量子化意涵了对自旋的任何测量结果都只能给出 ±1/2。因此,仪器退而求其次,让 x 分量平均而言为零。

如果对 σ_x 的测量随机会给出 ±1/2 中的一个结果,那要是我们现在用磁场方向适当的磁体做第三次施特恩—格拉赫实验,再次测量 σ_z,会发生什么呢？我们会发现,这次 σ_z 的取值又变成 ±1/2 中的随机一个了。测量 σ_x 的行为

干扰了 σ_z 的结果。如果我们先不测量 σ_z，而直接测量 σ_x，然后再测量 σ_z，我们仍然会得到 σ_z 是 $\pm 1/2$ 中随机一个的结果。换句话说，在制备 $\sigma_z = +1/2$ 的态的粒子后紧接着就测量 σ_z 而不去测任何别的东西，那么测量结果 100% 就是 $\sigma_z = +1/2$；而如果先测量 σ_x，然后再测量 σ_z，那么就只有 50% 的概率得到 $\sigma_z = +1/2$ 的结果。哪怕两种情况的初始态相同。测量顺序确实很有所谓。

那有没有可能任何对自旋的测量都会影响自旋，于是之后的测量都会给出随机的结果呢？我们可以试试连续两次测量 σ_z。谢天谢地，不会：在第一次测量中方向为 $+1/2$ 的电子自旋，在第二次测量中仍是 $+1/2$。

似乎是，对一个已经制备好了的处于 $\sigma_z = +1/2$ 的态的电子来说，只有专门测量 σ_x（以及 σ_y）才会扰乱自旋的方向。但这就让人搞不懂了。不管测量哪个方向的自旋，我们做的总是同一个实验——施特恩—格拉赫自旋测量实验啊。为什么同样的实验，在 x 方向上测量会扰乱自旋的方向，而任意变到 z 方向就不会呢？就仿佛仪器"知道"我们应该得到怎样的（平均）结果，进而"知道"要不要在测量过程中干扰自旋方向似的。

在这里，起作用的逻辑似乎就与经典世界完全不同了。量子逻辑最奇异的一方面意涵在于，测量的顺序会产生影

　　　　　　　　量子力学，怪也不怪

响——就像我们刚刚所见的那样。先测量 σ_z 再测量 σ_x，与先测量 σ_x 再测量 σ_z，结果完全不同。这种不同顺序的非等价性，有着深远的影响。

08

你不能同时知晓所有事

如果要问量子力学中的哪件事知道的人最多，那就是它是不确定的。（我们被告知）量子世界有其模糊性，让我们无法以绝对的精确度了解关于它的一切。90 多年前，维尔纳·海森堡凭借著名的"不确定性原理"表达了这一点。

然而，海森堡的发现常常被误解。比如认为它意味着我们无法精确测量量子世界中的任何量（可能因为我们在测量想测的量时不可避免地会干扰它？）；或者（这是一个更为深思的误解），我们如果想要非常精确地测量一个量，就不得不付出其他所有量都变得更不精确的代价。两种观念都是不正确的。

在大众科学素养如此贫乏的情况下，我们也不能责怪有这些误解。不确定性原理其实非常技术化，非专业人士

量子力学，怪也不怪

不能理解其精义也不奇怪。它这抓人眼球的名字也让误解雪上加霜。这名字也暗合了海森堡推导出它的 1927 年德国那动荡不安的形势：时值两次大战之间，德国正在极度通货膨胀和政治危机的影响下步履维艰，纳粹主义也开始抬头。更糟的是，哪怕海森堡自己也没有完全理解他偶然发现的这条原理的意涵，他使用的表达方式既模糊又有误导性，以至于到如今物理学家们还在为之争论。这麻烦是他一手造成的。

海森堡的不确定性原理其实并不是为我们对某种量子属性所能达到的测量精度所设的限制，而是对这些我们想了解的量子属性本身的"存在精度"所设的限制。因此，与其管它叫"不确定性（Uncertainty）"原理，不如叫"不可知性（Unknowability）"甚至"不存在性（Un*bea*libility）"原理，尽管要是采用了这些名字，这条定理无疑会蒙上一层神秘主义的面纱。*

关键就在于此。原则上，量子物体可以拥有很多可观测的属性，但我们不可能一次性地把它们都"集齐"（哥

---

* 海森堡的写作用的当然是德语词：在他 1927 年的原始论文中，他用了"不精确性"（Ungenauigkeit）和"未确定性"（Unbestimmtheit）两个词。"未确定性"更接近海森堡的原意，但翻译当然还是不准确的。英语的"不确定性"或许最接近玻尔的首选词"无把握性"（Unsicherheit）。在这里我们很可以责备玻尔，在这件事上忘记了他通常对用词的谨慎态度。

本哈根主义者可能会说"提取"），因为它们本来就不能同时存在。我们在收集一部分属性的值的时候，会扰乱其他属性的值。上一章中，我们刚见过这种情况在是如何出现在对自旋这种量子属性的各空间分量上的。虽然在上一章中我没有明说，但之所以自旋分量会受扰乱，我们选择的测量顺序那般重要，正是因为这些分量之间的相互关系由不确定性原理主宰着。

我们现在来看看"不确定性"到底是什么意思。

•

海森堡写作关于不确定性原理的论文，并不是因为他自己没法做出精确的测量。毕竟他是一位理论物理学家(而且相当不擅长实验方法)。如同大多数同时代的物理学家，海森堡当时正在尝试发展出一套数学形式体系来理解量子世界，这套数学形式或可把握到当时人们所知极少的实验量子物理学（如原子吸收和发射光的方式），再看看会推导出什么结果。通常，这样的思考只会带来"思想实验"，没人知道如何去实现它们。这些理论探索是高度抽象的智力练习，依赖于很多在我们看来既惊妙又危险的明智猜测。

因此，不确定性原理完全是一项数学推导。海森堡的意思是，我们如果推导出了量子力学的正确逻辑，就会得到一个奇怪的推论。假设我们想知道某量子系统的两个属性 p 和 q 的值各是多少，于是设计了某项实验来同时测量它们。我们知道，由于仪器的限制，测量总会有一些误差和不确定度，在经典物理学中也是如此。但随着测量技术的提升，测量的精度也会提升。而不确定性原理表示，这样的提升有一个限度，描述如下：随着测量 p 的精度提升，我们会发现同时测量 q 的精度会有一个极限。在测量 p 的精度（我们用 Δp 来表示测量 p 的不确定度）与测量 q 的精度（同上，Δq）之间，有一种不可避免的此消彼长关系。具体而言，Δp 与 Δq 的乘积不可能小于 $h/2\pi$，这里的 π 就是通常几何意义上的圆周率，即圆周长与直径的比值，h 则是一个基本常数，叫"普朗克常数"，它设定了量子世界最小"颗粒"的尺度，即能量可以被分成的最小"小块"的大小。这个 h 数值极小，因此不确定性原理只会在我们对 p 和 q 的测量达到很高的精度时才会有影响。但无论如何，我们不可能同时以无限高的精度知道这两个属性的值。

比方说，如果 p 为某物体的动量（动量为质量与速度的乘积），q 为位置，不确定性原理就适用于它们。关于这种限制，有许多很不严谨的笑话，其中一个这么讲道：

海森堡超速了，警察要求他靠边停车。警官问他："你知道自己开得有多快吗？"

海森堡说："不知道，但我很准确地知道我们在哪儿！"

警官疑惑地看了他一眼，说："你刚刚时速达到了108英里！"

海森堡挥动双臂大叫："很好！现在我迷路了！"

同许多科学笑话一样，一旦我们追求表述的准确，它们就会一点儿也不好笑了。并不是对速度（更准确来讲是动量）的一切测量都会让位置变得完全不确定，不确定性原理只是说，我们测量到的速度越精确，位置就越不精确。

但更重要的是，这一笑话刚好表明了人们对不确定性原理的一个常见误解：误以为海森堡肯定在某个地方，只是他不知道是哪里（这就是"迷路"的定义）。其实对于这一情况，更严谨的表述是：如果已知海森堡的速度落在一个特定的精度范围内，则依据上述不确定关系，他的位置会也落在一个范围里，但在这个范围内就是不确定的。这听起来就更不好笑了。

此外，对测量精度的限制并不适用于所有的量子属性对，而只适用于特定的"共轭（conjugate）变量"。位置和动量是一对共轭变量，能量和时间也是（虽然它们之间的不确定关系与位置和动量间的略有不同）。而对于粒子的

量子力学，怪也不怪

质量和电荷，不确定性原理就不适用：我们可以同时以无限的精确度测得这两个量。关于一对变量何以成为共轭变量，我尚未找到一种直观的解释（虽然我们肯定可以用数学形式表达出来）。但可以说，不确定性原理的"不确定性"，有着远比很多人理解的"量子世界就是有点儿模糊"更为精确的意思。

●

既然海森堡并没有实际观察这些物理量，他怎么知道它们有这种关系呢？他的不确定性原理是通过数学推导得出的。推导方法有好几种，但最有助于理解的一种要属海森堡自己建立的量子力学数学表述："矩阵力学"。矩阵力学与薛定谔的波动力学互为竞争关系，不过这两种对量子力学的描述其实是等价的。对很多目的而言，薛定谔的方案更容易使用，但在思考不确定性原理时，使用矩阵力学更有助于理解，因为它表明，不确定性原理并不是由量子世界的"他异性"谜一般地凭空生出的"怪"表现，而是蕴含在其数学逻辑之中，用中学水平的数学就能理解。

海森堡的矩阵就是把物体的量子属性列成表——用特定的方式写下各种量子态，再用算符来描述这些态之间的转变，以此预测可测量的量。矩阵的运算有一整套成熟的算术机制，你只需要知道它与纯数字的普通算术不一样就行了。比如，如果我们把两个数相乘，数字的先后顺序没有影响：3×2 与 2×3 一样。而对于矩阵，这条规则就不再成立了。如果有两个矩阵 M 和 N，那么 M×N 与 N×M 的结果不一定相同，换句话说，M×N 减去 N×M 所得的差不一定为零：运算的顺序是有所谓的。

这种性质被称为"非对易性"（non-commutation）。海森堡意识到，在量子矩阵力学中，揭示一个量子态的某些属性的算符是不对易的，正是这种特点让相关属性成了共轭变量。海森堡证明，按一种顺序进行运算，与按相反的顺序再进行这个运算，二者的差值就等于不确定性原理中的精度阈值：$h/2\pi$。

以不同顺序进行两项运算（对应到真实世界中就是进行两项不同的测量）会产生不同的结果，这听起来很奇怪。前文提到的对自旋分量的测量正是如此：如果先测量一个分量，可能会扰乱另一个（也就是让它变得"不确定"了）。但顺序的这种重要性我们在日常生活中也不是全不熟悉。常见的比喻就来自烹饪：先加发酵粉再烤蛋糕，与先烤蛋糕再加发酵粉，得到的结果显然就不一样（我实际尝试过，可以证实这一点）。不过，一个更好的（也更英式的）比方是拿沏茶：先加奶再倒茶，与先倒茶再往里面加奶，得

量子力学，怪也不怪

到的茶的品质可不一样。两者似乎差不多，但内行的品茶者说他们绝对能分辨得出来（我相信这一点），而且背后可能确实有其科学道理（不过跟量子力学就没关系了）。

●

然而，说不确定性原理来自数学上的非对易性，这当然算不上是解释。诚然，如果接受量子力学的数学逻辑，我们必然会得到这个推论，但不确定性原理同样也是我们可以在真实的实验中观察到的现象。海森堡及与他同时代的物理学家无法通过实验来证明这一原理，但如今，实验设备的进步已经足以让我们实际观察到这种效应：在一对共轭变量中，更精确地测量其中一个，另一个就会变得更不精确。而测量过程中的这种现象用方程并不能很好地解释。我们需要一种物理图景来理解到底发生了什么，是什么使得对另一个量的测量变得不精确了呢？

意外的是，虽然海森堡一贯不屑于将量子力学的数学形式原理形象化，但他似乎认为很有必要回答这个问题。他提出不确定性原理的论文甚至以此为题："论量子理论动力学与力学的可形象化内容"。不过在这件事上，海森堡或许还是坚持他对形象化的一贯反感比较好，因为他提出的物理图景很有误导性，甚至今天都还在持续把水搅浑。

海森堡提出，我们之所以不能同时精确测量两个属性，是因为量子粒子太小、太精密。测量这样的物体，同时又不干扰或改变它，基本是不可能的。要用显微镜观察电子，我们就需要光子打到电子上再观察光子的反弹，但这样的碰撞会改变电子的路径。* 我们越是努力减少测量的内禀不确定性，即"误差"，比如使用一束更明亮的光子，对电子的扰动就越大。海森堡认为，误差（Δe）和扰动（Δd）之间的关系也满足不确定性原理，即 $\Delta e \times \Delta d$ 不小于 $h/2\pi$。

海森堡的论文发表后不久，美国物理学家厄尔·赫西·肯纳德就证明，海森堡的伽马射线显微镜思想实验对量子理论中的不确定性而言是多余的。我们要同时精确了解速度（更准确来讲是动量）与位置会面临限制，这是量子粒子的内在属性，并不是实验手段的局限带来的结果。

要理解不确定性原理，确实还有一种更为"物理"的方法，无须难懂的矩阵非对易性提供理由。它来自量子粒子的波粒二象性，即粒子既能显示出在空间中弥散的波动性，也能显示出有确定位置（定域性）的粒子性。为了从

---

*　海森堡正确地意识到，要"看见"这类小物体，我们需要波长极短的光子，例如伽马射线。然而，他忽视了显微镜的基本物理学原理，这一疏忽让他在 1923 年差点儿没通过博士论文答辩，而哪怕 4 年之后，他的错误还是没有纠正过来。当他向他的丹麦导师玻尔展示自己的"伽马射线显微镜"图景时，玻尔不得不纠正了他论证中的一些错误概念。

波动性的概率分布中得出在一个小区域内找到粒子的概率，我们需要把不同波长的波组合起来，让它们在那个区域发生相长干涉，而在别的所有区域发生相消干涉。这种定域性的波称为"波包"（wave packet）。为了提高定域性，让粒子可能出现的区域被限定得更小，我们必须加进更多的波。但波长决定了粒子的动量，因此叠加的波数目越多，测到的动量数值也就有越多的可能性。

海森堡的思想实验表明，他还没有完全理解玻尔关于量子力学所说的话。"扰动说"意味着，被观察的粒子确实拥有精确且确定的位置和动量，只是我们做不到在不改变这些属性的情况下测量到它们。这一困难应当适用于所有的量子属性，并不仅限于共轭变量。然而对玻尔来说，关于量子系统，我们能有意义地谈论的一切，都包含在薛定谔方程里了。因此，如果数学计算告诉我们我们对某个可观测的量的测量精度无法超出某个程度，这就意味着那个量不会以更高的精度存在。这就是"不确定性"（我不确定它是什么）和"不可知性"（它就到此为止了）的区别。

•

不过，海森堡关于不确定性原理的"实验说"，即误差与扰动的关系，在不断地引起物理学家们的兴趣。似乎我们真的可以用不确定性原理来推导出某种普遍的关系：受 $\Delta e \times \Delta d$ 不小于 $h/2\pi$ 所限制的关系。

最近，这一提法变成了一项激烈争论的主题。2003 年，日本物理学家小泽正直提出，突破海森堡为误差与扰动设定的表面限制是可能的。他为这两个量提出了一种新关系，在海森堡的基础上加了两个项：$\Delta e \times \Delta d$ + A + B（先不管 A 和 B 到底是什么）不小于 $h/2\pi$，这样 $\Delta e \times \Delta d$ 本身就可能小于 $h/2\pi$。已经有两项独立的实验用光子与中子束检验了小泽提出的新关系，两项实验都表明，测量的精度确实可以突破海森堡对 $\Delta e \times \Delta d$ 的限制，但也不符合小泽提出的新关系。

其他一些研究者也参与了争论，但争论的结果似乎取决于你的提问角度。如果你考虑的是多次测量的平均值，则海森堡提出的限制，即误差与扰动的乘积不小于 $h/2\pi$，就依然正确；而如果你考虑的是对特定量子态的单次测量，小泽提出的更小限制就适用。在前一种情况下，你测量的其实是特定实验设备的"扰动能力"；而在后一种情况下，你是在量化我们对于单个量子态可以了解到什么程度。因此海森堡的说法正确与否，取决于你如何理解他的意思（或许还取决于你是否认为他意识到了两者的差异）。

争论凸显了为什么说量子理论没有给微观世界赋予某

种普遍的模糊性。而是,量子理论能告诉你什么,取决于你到底想知道什么,以及你想通过什么方式来知道这些事情。它表明,"量子不确定性"并不是某种分辨率式的限制,就好像用显微镜观察物体,放大到某个程度图像就变得模糊一样;它在某种程度上是实验者自己选择的。

这正符合如今方兴未艾的一种观点:量子理论关乎的是信息及信息的获取。最近,小泽及其合作者的理论工作表明,对于某量子系统,我们获得了关于一个属性的信息,就会减弱关于其他属性的可掌握信息,这就是误差与扰动的关系的来源。就有点像你收到了一个盒子,知道它是红色的,并且觉得它重1千克;但如果你要精确测量它的重量,你就降低了它与红色这一性质的联系,于是不再能确定地说你正在称量的盒子是红色的。重量和颜色于是成了关于这个盒子的两个相互依赖的信息。

我知道,这很难凭直觉去设想。但它反映了对量子理论的诠释新动向:关于这个世界我们可以知晓什么,并不是取决于某种根本的不确定性或限制,而是取决于我们的提问角度。

09

量子物体的属性，不必包含在物体自身之内

有很多人打定主意要证明爱因斯坦错了，而爱因斯坦对此似乎也欣然接受。自从相对论首次发表开始，就有无穷无尽的"民间科学家"尝试"证明"爱因斯坦是错的。爱因斯坦还耐心地回复过收到的一部分信件，发件人未受过专业训练，却声称在爱因斯坦的论著中找到了错误。显然，你如果能证明爱因斯坦错了，就会被认为是最高级别的天才，而想获得此种称号的人可不少。

一个人的"错误""犯糊涂"被大肆庆祝，甚至如果证明了他的观点有错，还能上报纸头条，这对他可意味着无上的智力荣誉。但其实爱因斯坦犯的"错误"并不少。他在计算中犯了一些无伤大雅的小错。更出名的是，他还强行修改了自己的广义相对论，以避免它预测出宇宙是膨

胀的，而不出几年，天文学家就发现了宇宙确实是膨胀的。哪怕是他对著名公式 $E = mc^2$ 的许多证明，也包含着小错误。有人还写了一整本书，细数爱因斯坦的错误。[*]

这些错误丝毫没有影响爱因斯坦 20 世纪最重要科学家的地位。认为天才就不会犯错，这是误解了创造性与洞察力的本质。有人认为，天才（不管这个词是什么意思）犯错的概率甚至高于常人。

我们最爱用来责难爱因斯坦的"错误"，就是他拒绝接受量子力学的意涵。无疑，这一定程度上是因为他用这样一句名言表达了自己的怀疑："上帝不会跟宇宙玩掷骰子。"或许想着爱因斯坦囿于早年训练的先入之见，无法完成这一"想象之跃"，也让我们感到安心。事物的本质是随机的，因果关系完全消失，量子力学的这一观念让人极为不安，而看到爱因斯坦也和我们一样从本能上难以接受这一观念，我们似乎能从中获得一些安慰。

然而，说爱因斯坦是一位老顽固，不能接受自己花那么大力气开启的量子力学，可就是糊涂的陈词滥调了。他

---

* 这本书叫《爱因斯坦的错误：天才的凡人弱点》（Hans C. Ohanian, *Einstein's Mistakes: The Human Failings of Genius*）。《爱因斯坦的最大错误》（David Bodanis, *Einstein's Greatest Mistake*）一书则对爱因斯坦的晚年生活做了更慎重的传记性描述。

的老对手尼尔斯·玻尔时常为爱因斯坦对新观念的抗拒而感到沮丧和困惑，但他决不会说爱因斯坦是个顽固的保守分子。爱因斯坦对玻尔的质疑，无疑帮玻尔形成并改进了他自己的量子力学诠释所依赖的框架，而爱因斯坦对哥本哈根诠释的反对，并不是出于固执的否认，而是基于对玻尔所说的话的清晰理解。爱因斯坦要不是对量子力学理解得这么清楚，可能就不会为它感到如此烦恼了。

实际上，对当代量子理论堪称核心的特征的发现，很大程度上应该归功于爱因斯坦。如薛定谔所说，这是"量子力学的标志性特征，正是这一特征迫使量子理论完全偏离了经典思路"。1935年，爱因斯坦描述了这一特征，同年，薛定谔给它起了一个如今人所共知的名字："纠缠"。

如果爱因斯坦在这件事上并没有总得到应有的赞扬，这也很可以理解。因为他"发现"纠缠的方式是设计了一个思想实验，这个思想实验在呈现了一个明显的悖论，因而在他看来这种表现不可能是真实的。虽然爱因斯坦发现了纠缠现象，但他自己却想埋葬它。

在过去的几十年里，纠缠在量子力学中的作用渐获认可，这大大改变了人们对整个领域的关注重点。纠缠实际上是量子物体的真实属性，这已为20世纪70年代以来不计其数的精心实验所证明。这些研究被一次次当作在量子

　　　　　　　　　量子力学，怪也不怪

理论方面"爱因斯坦错了"的证据来宣传，但不幸的是，很多关于爱因斯坦为什么"错了"的讨论，自己才是错的。或许这些头条文章的作者应该听玻尔一句话：一条深刻的真理的反面也是深刻的真理。

·

在关于纠缠你需要知道的事情里，最主要的是：它告诉我们，量子物体拥有的属性，可能不完全在该物体上。

至少这是纠缠的表述之一。表达纠缠的方式不止一种，但对于这种概念，我们也缺乏可以精确而清晰地传达它的语言，因此我们需要通过几种不同的方式来看待它们，才能开始理解它们到底是什么意思。

说一个物体的属性不仅仅在该物体身上，这是什么意思？说我的钢笔是黑色的，那这个黑色可不会存在于钢笔之外。但如果我说钢笔的黑色在某种程度上与我的铅笔有联系呢？我不是说铅笔也是黑色的，只是说钢笔的黑色的一部分也在铅笔里。

这番话听起来好像没什么意义，对吧？那我们换一种说法。如果我的钢笔和铅笔是相互纠缠的量子物体，那有可能我仔细观察了这支钢笔，了解了关于它所有能了解的信息后，仍然不确知它是什么颜色的——因为它的颜色并不完全在它自身之内。

　　或者我可以把钢笔和铅笔放在一起研究，把它们当成一对纠缠物体来看待，测量关于它们所有可以了解的信息。比方说，我可以测量它们共有的"颜色"。而如果它们相互纠缠，那么我哪怕已经完全了解了这一对物体（即知道了所有的可知信息），对其中一个物体很可能仍然可说甚少，甚至无话可说，比如它们中的某一个是什么颜色。这不是因为我观察得不够仔细，而是因为纠缠的钢笔和铅笔可能没有定域的属性，其中一个不能被赋予颜色这种属性。

　　粗略来讲，纠缠差不多就是这个意思。或许可以说，因为这种量子现象，单个物体可能不再具有可定义的特征。我们接下来看看它是怎么被发现的。

●

　　量子力学最让爱因斯坦烦恼的一个方面，即他所说的"上帝掷骰子"，就是随机性取代了因果律。我们在前面已经看到，如果制备一个粒子，并认为其自旋的一个分量是竖直向上的，然后去测量其水平分量，我们会发现水平分量会既向上又向下，概率各为一半。一系列对以同样方式制备的粒子的测量结果可能是"上""上""下""上""下""下"……那为什么在任一次

　　　　　　　量子力学，怪也不怪

特定的实验中，我们会测量到一个值，而非另一个值？

你可能会觉得这种随机性也没什么特别。把一根大头针针尖朝下立在桌面上，松手时它往哪个方向倒就是随机的——等等，真的是随机的吗？假设我们可以以极高的精度测量它倒下前的状态，我们可能就会发现它起初并不是完全竖直的，因此在让它倒下前，我们就已经引入了一个偏差，这决定了它倒下的方向。如果我们提升校准方法，把它放得完全竖直呢？那我们可能会发现，大头针本身并不完全对称：有一侧会更重一点点，所以它往这一侧倒下去的概率更高。那我们就做一个完全对称的大头针。但我们又精准测量了从不同方向撞击大头针的空气分子数目，发现在每次实验中各方向来的分子作用力都有细微的不同。然后我们只好在真空中做这个实验……以此类推。我们的意思是，在宏观世界中，每一桩看似随机的现象总有一个特定的成因，是它造成了偏差。表面上的随机性，只是体现了我们对系统的知识还不够。

此类随机性很好接受，因为我们可以确定，现象的背后仍然有因果逻辑，尽管我们还不能把握到它：简言之，事情的发生总有一个缘由。但薛定谔方程本质就是概率性的，它只预测不同实验结果出现的可能性，却不给出理由解释为什么我们观测到的是这个特定结果，而非那个。实际上，薛定谔方程相当于在说，量子事件（比如原子核的放射性衰变）的发生没有理由。它们就是发生了。

这话听起来极不科学，而且似乎违反了从比牛顿更久远得多的时代起所有科学家和自然哲学家的一切努力成果：解释世界。适用于量子事件的解释已经不是"可确定的原因导致特定的结果"，而只是事件的发生概率。这就是爱因斯坦觉得不合理的地方——谁又能假装它合理呢？

爱因斯坦怀疑，量子力学表面上的随机性就如同倒下的大头针那样，背后其实有一个特定的、决定论式的成因（此事导致了彼事），只是我们看不到它是什么。粒子看似是一瞬间心血来潮决定了自旋方向，但实际上这个方向一开始就决定好了，只是我们看不到。或者说，粒子的某个属性在测量结果出来前就预先决定了。这种我们看不到的决定力量称为"隐变量"，它似乎把量子力学又重新变成了决定论的。

但如果如其定义所言，隐变量是不可见的，我们又怎么能知道它存在呢？1935年，爱因斯坦与两位年轻的理论物理学家鲍里斯·波多尔斯基和内森·罗森共同设计了一个思想实验，表明（他们声称表明）如果没有隐变量，即如果接受哥本哈根诠释，你就会遭遇不可能之事，即悖论。

在爱因斯坦、波多尔斯基和罗森设计的实验（简称

量子力学，怪也不怪

EPR 实验）中，两个粒子以相互关联（即相互纠缠）的方式被制备出来。由于二者的各属性相互关联，所以只要我们测量一个粒子，就会瞬间得知关于另一个粒子的信息，而这正是问题之所在。

原始的 EPR 实验有点儿难以形象化，甚至很难理解。描述 EPR 的论文缺乏爱因斯坦一贯的清晰性，因为这篇论文是由俄国出生的波多尔斯基写的。爱因斯坦后来证实，论文并没有真正反映他自己对纠缠的观点。"它并没有展现出我真正想要的样子。"他在写给薛定谔的信中如是说。

不过，1951 年，戴维·博姆给 EPR 思想实验做了一番更清晰的表述。博姆说，我们可以想象，量子粒子中的被我们赋予关联的属性有一系列离散的可能测量值：比如自旋的向上和向下，或光子偏振的竖直和水平等。我们可以制备出这样一种关联性：粒子只允许取两个值之一，如果其中一个粒子取了一个值（如自旋向上），另一个粒子就只能取另一个值（自旋向下）。研究者当时已经知道如何让两个光子产生这类偏振关联：我们可以用能量激发原子，使其同时发射出两个光子，这两个光子就会以这样的方式纠缠。博姆提出的 EPR 设想，让 EPR 实验从纯粹的思想实验变得更像我们可以实际进行的实验了。

我们假设两个粒子向相反的方向发射。在它们已经运动了一段时间之后,我们测量其中一个粒子的特定属性(如偏振或自旋)。在测量之前,我们并不知道结果会怎样,但一俟知道这个粒子的结果,我们就也能确定,另一个粒子的结果一定与这个粒子相反。

乍一看这好像没什么大不了的。就好像一副手套,一只是左手,另一只是右手。如果我们把其中一只寄给住在阿伯丁的爱丽丝,另一只寄给北京的鲍勃(我很乐意给他起个中文名叫"小白"或"小勃",但"爱丽丝"与"鲍勃"是量子通信领域的习惯称呼),那么在爱丽丝打开包裹发现手套(比如)是左手的一瞬间,她就知道鲍勃拿到的手套是右手的。这实在不用说,因为手套的"手性"一路上都不会变,只是爱丽丝和鲍勃在观察的那一刻才知道而已。

但量子粒子就不同了,至少玻尔坚持如此认为。在哥本哈根诠释中,自旋和光子偏振只有在粒子被测量之后才有定义,在那之前,它们根本不具有什么特定的值。但在EPR实验中,量子纠缠还是给两个粒子的值赋予了关联性。因此,如果爱丽丝去测量了一个光子,并发现它的偏振是竖直的,她就是通过实验把偏振的值给"提取"出来了。然而在这种情况下,鲍勃的光子就必须是水平偏振的,而这似乎也是爱丽丝的测量结果使其必须如此的。因此,说鲍勃的光子一定是在爱丽丝测量的那一瞬间被赋予了偏振

　　　　　　　量子力学,怪也不怪

方向，这应该说就是必然的结论。

光从阿伯丁传播到北京需要约 1/40 秒的时间。利用当今的光学技术和准确的计时手段，我们可以轻易地在爱丽丝测量光子之后但光从阿伯丁传到北京之前，让鲍勃测量他的光子偏振。然而按量子力学的预测，鲍勃和爱丽丝还是会观察到二人的光子方向之间存在关联——就好像爱丽丝的测量结果传到鲍勃的光子那里，速度比光速还快似的。

虽然在细节上有所不同，但 EPR 的原始论文确实指出了量子力学能预言这种"瞬间通信"现象。不过三位作者表示这是不可能的，因为爱因斯坦的狭义相对论禁止任何信号超光速传播。如果玻尔是对的，即量子物体在我们测量之前根本不会拥有属性，那么 EPR 实验就描述了一种不可能的效应，爱因斯坦称之为"幽灵般的超距作用"。这就是 EPR 悖论的含义。

那如果光子的偏振从一开始就被隐变量决定好了，只是在我们测量的时候才显现出来，又会怎么样呢？那问题就不存在了：情况就会是前面讲过的一副手套那样。

可麻烦的是，量子力学中没有这样的隐变量可以给所讨论的变量"秘密"赋予确定的值，哪怕这些值看似是在测量时才随机获得的。EPR 认为，既然这样，量子力学就一定缺了某种东西。1948 年，在给马克斯·玻恩的信中，

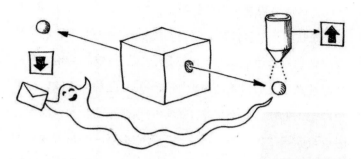

戴维·博姆描述的 EPR 实验版本。在这个实验中，根据量子力学，测量一对纠缠粒子其中一个的自旋，似乎会瞬间影响另一个粒子的自旋——就好像有幽灵在它们之间送信一样。

爱因斯坦写道：

> 因此我倾向于认为，量子力学的描述……只可被视作
> 对现实不完备的、间接的描述。

•

经过一番思考之后，玻尔意识到，爱因斯坦发现了一个严重的问题。通过思考如何解决爱因斯坦提出的问题，玻尔才首次对自己心目中的测量到底是什么做出了清晰的表述。他说，用一个粒子与另一个粒子的这种"通信"来讨论测量"背后"的机制是没有意义的；这种过程完全属

因此我倾向于认为，量子力学的描述……

只可被视作对现实不完备的、间接的描述。

于所谓的"底层微观现象"，是量子力学不允许我们讨论的。测量本身即是现象，而量子力学已经可靠地预测出了结果。

然而，这种解释也还只是对他之前观点的重述，而且有一丝逃避的性质。EPR 提出的问题应该说非常清楚：这里是爱丽丝的粒子，那里是鲍勃的粒子，而观察其中一个看起来可以瞬间影响另一个的态。爱丽丝只测量了她的粒子，凭什么我们必须把鲍勃的粒子也看作现象的一部分？

鲍勃和他的粒子远在北京；我们甚至还可以将测量延迟得足够久，让鲍勃处于另一颗行星甚至另一个恒星系。

EPR 悖论好像是令人不安，但它是不是趋近于形而上学了？哪怕可以做一个这样的实验，我们又能从中知道什么呢？就算爱丽丝和鲍勃发现他们俩的纠缠光子的偏振确实展现出了预料中的相互关联，这一现象本身并不能告诉我们其原因是光子通过量子力学中幽灵般的超距作用相互通信了，还是爱因斯坦的隐变量一开始就把它们的偏振决定好了。要怎样区分这两种可能性呢？

1964 年，一位叫约翰·贝尔的爱尔兰物理学家告诉了我们怎样做到这一点。贝尔在日内瓦的 CERN 有一份正职，思考量子力学的基本问题只是他的副业。他说过这么一句有名的俏皮话："我是一名量子工程师，但在周末我是有'原则'*的人。"然而，贝尔对那些原则／原理的思考，可能比除了玻尔之外的任何人都要深。

他以一种新的方式重新表述了 EPR 实验，使其能借助可实现的技术来进行，并且如果真需要额外的隐变量，实验结果会与单靠量子力学所描述的情况不同。和爱因斯坦一样，贝尔也怀疑不引入隐变量，单靠量子力学是不行的。

---

* "原则"和（物理学）"原理"在英语中都是 principle。——译注

贝尔提出的实验需要对多对纠缠粒子做多次测量。如果这些实验结果的某种组合值落在特定的数值范围之外，隐变量就不可能存在，量子力学也就不需要此种修正。

贝尔实验等同于列举两种情况下，两个粒子关联强度的差异。两个粒子的纠缠同受隐变量的影响，还是两个粒子单纯由量子力学描述（不管看起来有多奇特），这两种情况乍看上去都是在描述同一个东西：对一个粒子的测量怎么会与对另一个粒子的测量产生关联。而贝尔的天才之处，正是从这两种模型的预测之中梳理出了不同，而这种不同还可以测量。他的计算表明，纯粹的量子力学关联，可以强于隐变量带来的关联。

前文提到，隐变量解决 EPR 悖论的方式是声称粒子一直都拥有确定的状态，只是我们在测量后才知道它们各是什么状态而已。怎样才能让两个粒子有比这更强的关联？答案不会一下子就很明显——毕竟"手套"的情况实在太明显了：一只是左手的，另一只一定是右手的。但如果让两个粒子看似可以"相互通信"，它们就可以瞬间交换信息，并以此决定自己的状态，因此量子力学确实能允许粒子之间发生更强的关联，而这将展现在测量结果的统计数据里。

贝尔基于具有相互关联的自旋粒子（如电子），提出了分析框架，于是爱丽丝和鲍勃可以利用施特恩—格拉赫实验中那样的磁体来测量它们的自旋。前文提到，不管自旋方向与测量用磁体的相对方向如何，这种实验只会给出两个值（上或下）中的一个。

前文我们看到，为了找出量子测量随机性背后的真正情况，我们需要做许多次完全一样的测量，再取平均值。只有这样，我们才能测得一个只有竖直自旋分量的粒子的水平自旋分量为0——单次测量只会给出要么为上要么为下的随机非零结果。

贝尔的实验与上面测量电子自旋分量的例子很像，但它测量的是一对相互纠缠的粒子，且它们的自旋是反关联的（即如果一个粒子向上，另一个就向下）。对于任意一对粒子，其自旋结果有4种：爱丽丝和鲍勃测量到的结果会是{上，上}{下，下}{上，下}{下，上}。在前两种情况下我们说这对粒子是完全关联的，可以将它们的关联性赋值为+1；在后两种情况下我们说粒子是完全反关联的，关联度为−1。每次测量，只可能得到这4种情况中的一种。

关键在于，对于关联强度对鲍勃与爱丽丝测量时使用的磁体所成的相对角度有怎样的依赖，隐变量和量子力学各自的预测是不同的。他俩如果把磁体设为同一方向来测量各自粒子的自旋，那么每次就都会测到完全反关联的结果（−1），即如果一个粒子向上，另一个就向下，因为粒

子就是这样制备出来的，进而多次测量结果的平均值也是
–1；而如果爱丽丝和鲍勃中有一个人调转了磁体，使两个
磁体的相对角度为180°，则他们测量到的粒子自旋方向
就永远相同，即关联度永远为 +1。

如果爱丽丝与鲍勃两人的磁体成一直角，则他们的测
量结果看起来就不再有任何关联了，即平均而言两粒子自
旋的关系为零（尽管任意单次测量的结果都一定会是 +1
或 –1），就像一个自旋方向沿 z 轴的粒子，其自旋 x 分量
的测量值平均为零那样。我们在前文提到，这终归是不确
定性原理带来的结果：这种情况实际上相当于爱丽丝与鲍
勃在已经测得了某对粒子其中一个的自旋时，就不可能了
解另一个粒子的自旋了。如果爱丽丝测量了她的粒子，她
就不可能利用这个测量结果推导出任何关于鲍勃的粒子的
信息，反之亦然。

到此为止，我们知道了当爱丽丝与鲍勃两人的磁体分
别成 0°、90°、180° 和 270° 角时，测到的两粒子自旋
的平均关联度各是多少了（依次为 –1、0、+1、0）。那么
成它们之间的其他角度时会怎么样呢？在隐变量模型中，
我们可以推得结果的关联度与角度成正比；但量子力学模
型则预测关联度会取决于角度的余弦值。如果你已经忘了
三角函数的知识，只需要知道这意味着关联度与角度的关

系是一条曲线，而非直线，就行了。因此，两个模型给出的预测是不一样的。

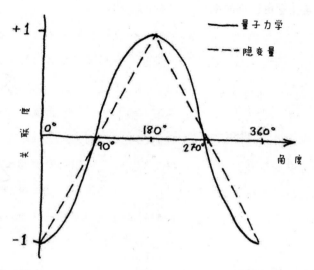

贝尔实验中，爱丽丝与鲍勃测量到的粒子自旋的关联度，与二人各自测量所用磁体所成的角度之间的关系。在 0°、90°、180° 和 270° 这 4 个点之外，量子力学的预测与隐变量模型的预测都是不同的。

我们在此介绍的其实是贝尔实验的一个简化版。贝尔提出的情形是，在每次测量中，爱丽丝和鲍勃都可以在两种不同的测量角度之间切换，然后再把 4 种可能的测量设置情况下的平均关联度以一种特定的方式组合起来，使得

量子力学，怪也不怪

在隐变量描述下，它们的和在各种角度之下都一定位于 -2 到 +2 之间。*但如果用量子力学来预测结果，你就会发现，关联度之和的平均值可以落在 -2 到 +2 的区间之外。我们无须在意更详细的细节，原理就是这样。

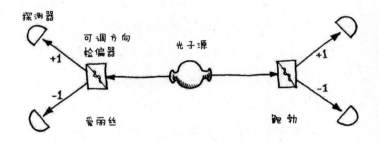

这张图展示了如何用激光光子来实现贝尔实验，以探究EPR悖论。这里，爱丽丝和鲍勃同时测量一对纠缠光子的偏振关联（要么为 +1，要么为 -1）。在实验中，爱丽丝和鲍勃需要测量当自己改变检偏器的测量方向时，测得的关联度如何随之改变。如果每个光子的偏振从一开始就被隐变量决定了，且一直固定不变，以特定方法计算的 4 个可能测量结果之和就必须落在从 -2 到 +2 的区间之内。但如果只有量子力学在决定结果，它们的和就可以落在这个区间之外。

---

* 严格来讲，这个极限只适用于 1969 年约翰·克劳泽（John Clauser）、迈克尔·霍恩（Michael Horne）、阿布纳·希蒙尼（Abner Shimony）和理查德·霍尔特（Richard Holt）描述的特定实现方式的贝尔实验。

然而，就在考虑这一版贝尔实验（每次测量可以从 4 种方式中选一种，而在量子力学模型中某个统计界限也可以被突破）的过程中，我们就能看到它有何特殊之处。

你会看到，一方面，这只是一个说明科学如何运作的经典范例：关于一个现象有两个相互竞争的解释，因此你设计了一个实验，在其中这两种理论会给出不同的结果——借此你就可以看到哪个理论是对的。

但问题来了。对结果的枚举依赖于这样一个事实，即在任何单次测量下，纠缠粒子的关联度要么为 +1，要么为 −1，不可能取另外的值。真是这样的话，它就已经保证了贝尔的结果组合会落在 −2 到 +2 之间了——不是出于某种物理定律，而是出于简单的算术规则。它就是这么构造的。

换句话说，量子力学的预测似乎要违反基本算术规则。它怎么能做到这个呢？

要注意的是，为了计算贝尔和的界限，我们假设粒子的自旋确实取了"向上"或"向下"两个值之一（具体到电子的自旋，就分别是 +1/2 和 −1/2）。那又怎么样呢？毕竟我在前文说过，电子的自旋是量子化的，必定取向上或向下两种情况之一。

不完全是这样。我说的是，不管什么时候我们测量电子的自旋，一定会得到 ±1/2 的值。这似乎意味着，两个

量子力学，怪也不怪

粒子间的关联度只可能是 ±1 或 −1 两个值。但在每一次实验中，这个关联度都有 4 种可能的值：设定测量磁体的角度时，爱丽丝和鲍勃都各有两个值可以选择。当然，他们要么选择这个方向，要么选择那个方向，假如他们选择的都不是我们实际所测的方向，则我们测量其中一边，得到的关联度还是 ±1。但他们毕竟没有这么选择！

那又怎么样？如果我们知道，从这项测量我们只能得到怎样的结果，那我们有没有实际做这项测量又有什么关系？毕竟我说的不是测量结果可能会时不时地搞出一个不等于 ±1 的值，据我们所知，这是不可能的。

问题在于，我们在这个过程中假设了我们可以有意义地说出关于一个未测量的量的信息。而在哥本哈根诠释中，我们只能对实际测量了的事物做出有意义的陈述。正如阿舍·佩雷斯所说："未进行的实验没有结果。"量子力学之所以会违反贝尔所设的界限，正是因为我们不能对一个没测量的量做出有意义的陈述。

因此，这个例子最为清晰地表明了，玻尔拒绝思考未被观察的事物的意义，并不只是出于固执和迂腐——如果他是对的，思考这些会产生可观测的结果。这并不意味着哥本哈根诠释就是对的，但这意味着爱因斯坦的隐变量理论，或是不管哪种让量子系统中的一切在被观测前原则上就拥有某种固定属性的企图，事实上都站不住脚。

多亏了贝尔，我们能将 EPR 实验付诸实践检验，并看到隐变量和量子力学哪个才正确。迄今为止，科学家们已经进行了多次贝尔实验，而在每一次实验中，观测到的关联度统计结果都符合量子力学的预测，并排除了爱因斯坦的隐变量理论。爱因斯坦认为他的思想实验凸显了量子理论一个致命的缺陷，应该说，他这么想确实"错了"。

然而，这样一来，我们又该怎么对待 EPR 悖论和其中粒子幽灵般的超距作用呢？

量子力学，怪也不怪

10
并不存在什么"幽灵般的超距作用"

可以说，量子力学在当代的复兴始于 20 世纪 60 年代，约翰·贝尔提出关于量子纠缠的实验的时候。但就如 20 世纪最初几年普朗克和爱因斯坦建立量子力学本身的时候一样，整个世界需要一段时间才能跟上来。

而在这场量子力学复兴中，爱因斯坦依然功不可没，尽管方式比较间接。1917 年，他指出，根据被能量激发的原子发射出的光的量子力学性质，如果有一系列这样的被激发原子，所有的光子就可能像雪崩一样一下子都释放出来，且它们的波形都完全同步。1959 年，这一效应被命名为"光放大受激辐射"（light-amplified stimulated emission of radiation），这个累赘的术语被浓缩成易于发音的首字母缩写词"LASER"（激光）。20 世纪 60 年代初，研究者找到了用实验实现激光的方法，首先得到了受激放大的微波，然后又得到了可见光。激光能让科学家对光子做极精准的控制，因此成为把量子思想实验变为现实的核心设备。在帮助我们突破单纯的思考，开始实际探索量子力学基础原理的过程中，它起的作用比什么都大。

到 20 世纪 70 年代，科学家就可以用激光来进行量子纠缠贝尔检验了。这个实验难度极高，首次尝试的是加州大学伯克利分校的物理学家约翰·克劳泽和斯图尔特·弗里德曼。他们用激光激发钙原子，从中诱发出一对偏振相互关联的纠缠光子，并且用我在上一章描述的"四态"设置来测量两光子偏振间的 EPR 关联度。

克劳泽和弗里德曼发现，纠缠光子的关联度比贝尔定理中隐变量理论所允许的值要高。但他们的结果并不完全清晰，比如首先他们的实验次数就没有多到让统计结果完全有说服力。1982 年，阿兰·阿斯佩及其合作者在法国巴黎第十一大学做了一个更具确定性的实验，证明纠缠符合量子力学，而不符合隐变量理论。他们也用了激光和光纤技术来产生并操控纠缠的光子。

前文提到，贝尔检验需要列举粒子在不同测量角度下的关联度。阿斯佩和同事们成功补上了贝尔论证中的一个漏洞：测量光子偏振的滤光器可能（因某种未知机制）发

量子力学，怪也不怪

生相互作用，从而人为增强测量到的量子关联度。法国团队可以让滤光器迅速改变方向，间隔时间短于光子从出发至到达滤光器的时间，因此另一个滤光器无论如何无法在这么短的时间内影响这一个滤光器，并调整其方向设置。

这样一来，似乎量子力学的确是对的。但在这种情况下，纠缠意味着什么呢？戴维·默明说，EPR 实验的奥秘在于"它呈现给了我们一系列就是无法解释的关联"。量子力学能给予我们的只有对结果的指示，但这就足够了吗？

●

首先，我们得直面这个"悖论"。如果粒子的属性在被测量之前就是不确定，那么似乎在 EPR 实验中两个粒子之间的确发生了瞬间通信。没有被观察的粒子好像立刻"知道"了对另一个粒子的测量产生了怎样的偏振或自旋，并且自己采取了相反的方向。然而，与爱因斯坦设想的相反，这不是真正的"作用"，也不是"幽灵般的"，甚至整个过程都与"距离"无关，自然也不违反狭义相对论。

相对论是说，一个地方发生的事件不可能超光速地对另一个地方的事件施加"因果"影响。所谓"因果"，意思是爱丽丝做的某件事决定了鲍勃看到的现象。只有这样，爱丽丝才能利用二人观测结果间的关联与鲍勃通信。

现在考虑博姆的 EPR 实验版本，两个粒子的自旋相互关联。爱丽丝选择了她的观测方向（即施特恩—格拉赫自旋测量中两个磁体的相对角度），然后她的这些测量结果就与鲍勃的显示出了关联。但他们只有相互比对了对方的测量结果之后，才能推导出这一点——比对结果需要用经典的手段来交换信息，而经典手段不可能超过光速。鲍勃不可能超光速地知道爱丽丝的测量结果。

因此，虽然爱丽丝和鲍勃各自都似乎可能在一瞬间推断出某些事——你可以称之为"幽灵般的超距作用"——但他们无法利用这种幽灵般的连接来超光速地传递任何信息。我们假设爱丽丝与鲍勃的粒子是反相关的（即二者方向相反），而爱丽丝尝试利用这种关系，通过改变自己磁体的方向来瞬时传递信息给鲍勃。如果鲍勃测量到自旋向上，他不知道这是因为爱丽丝的粒子自旋向下、且磁体方向与他的相同，还是因为爱丽丝的粒子自旋向上但磁体方向和他的相反，或者因为她的磁体与鲍勃的成直角，因此他们俩的粒子并无关联。鲍勃此后的测量都会得出向上或向下的结果，但他从中无法推断出爱丽丝的磁体的情况。

等等，难道这不还是说爱丽丝通过她的选择是造成鲍勃测量结果的原因，只是鲍勃不能理解爱丽丝传递了什么信息吗？不是这样的。爱丽丝完全没有"造成"鲍勃的粒子自旋向上，因为她甚至无法把自己粒子的自旋固定下来！它可能随机地或上或下。爱丽丝并不能决定鲍勃观察到的现象：没有什么"超距作用"，狭义相对论依然完好。

但他们比对结果的时候，仍然出现了某种关联。这关联从何而来？正如默明所说，"没有解释"——或者我们可以说它来自某种"量子性"，但我们无法将其表述出来。

虽然以上论证在科学上是合理的，但你不免会感觉我们在精神上违反了相对论，只是编造了一套逻辑上的论证来否认这一点。哪怕相对论（九死一生地）未受损害，量子纠缠还是有某种离奇的特征，因为它颠覆了我们对"这里"和"那里"的先入之见，搅乱了时间与空间。

•

科学家花了很多年才搞清楚爱因斯坦对 EPR"悖论"的推理哪里错了。问题在于，量子力学中看起来稀松平常的常识，背后常常都有问题。

爱因斯坦及其同事做了一个非常理所当然的"定域性假设"：一个粒子的属性只局限在这个粒子上，而此处发生的事情必须经过在空间中的传播才能影响彼处发生的事情。这看起来完全不言自明，根本不像个假设。

然而量子纠缠颠覆的，恰恰是这种定域性，这也是为什么用"幽灵般的超距作用"这种角度来看待它完全错误。我们不能把 EPR 实验中的粒子 A 和粒子 B 看作相互分离的两个实体，哪怕它们在空间上是分离的。在量子力学中，纠缠让这两个粒子变成了同一物体的不同部分。或者换句话说，粒子 A 的自旋并不仅仅位于 A 这里，就像一个板球的红色局限在这个板球上那样。在量子力学中，属性可以是非定域性的，只有先接受了爱因斯坦定域性假设，我们才需要说对粒子 A 的测量结果会"影响"粒子 B。量子非定域性的整个观念都与此不同。

其实，我们在这里讨论的，其实是另一种量子叠加态。前文介绍过，叠加态指这样一种情形：对量子物体的测量可能产生两种或更多的可能结果，但我们在测量之前不知道结果会是哪个，只知道它们各自出现的相对概率。纠缠是同一个思想，只是应用在了两个或更多的粒子上：粒子 A 自旋向上同时 B 自旋向下，与正好相反的布局，两种状态的叠加。两个粒子虽然彼此分离，但一定仍然由同一个波函数来描述。我们不能把这个波函数拆解开，成为相互独立的两个粒子波函数的某种组合。

量子力学可以眼都不眨地轻易接受这种观念：写下它的数学公式就好了。问题在于如何形象化地说明其意义。

●

　　　　　　　　　量子力学，怪也不怪

因为量子非定域性如此反直觉，科学家也花了极大的气力才证实它。会不会是我们忽略了别的什么东西，才造成了一种非定域性的错觉呢？

为了检验一个这样的漏洞，阿斯佩做了一个实验，而这只是一系列至今仍在进行的研究的开端。阿斯佩及其合作者考虑并排除了这样一种可能性，即探测器之间存在一种很快但不及光速的相互影响，这一可能性如今被称为"定域性漏洞"或"通信漏洞"。那你可能会问，什么样的影响会有这种效果？谁知道呢，毕竟量子世界里充满了惊喜。你不试一下，就不能说哪个事情一定不可能。

如今，我们甚至可以以比阿斯佩更高的置信度排除这一漏洞。我们可以增加两个探测器（包含测量光子偏振的滤光器）之间的距离，让它们在整个实验结束之前都不能有低于光速的信号传递给彼此。1998 年，奥地利因斯布鲁克大学的研究者把两个探测器的距离增加到 400 米，给先进的光学技术提供了足够的时间，在任何通信通过测量点之前就完成测量。他们发现，实验结果没有变化。

另一种是"自由选择"漏洞，即，有没有可能粒子在进入纠缠态后，其本身就被"编入了"某种定域属性，而正是这种属性在测量时影响了探测器的设置？这种可能性在 2010 年被一项实验排除了（实验同时也排除了定域性漏洞）。该实验确保了，探测器不仅离彼此很远，也离光源很远：光源和一个探测器分别位于加那利群岛的两个岛上。这些实验附带也证明了纠缠这类量子效应的另一个特点：它们可以跨越宏观上很远的距离而一直存在。说量子力学只关于"很小的物体"是不准确的，这就是一个原因——它在你我之间也起作用，不管你在哪里。

还有一种漏洞叫"公平抽样漏洞"或"探测漏洞"。它指这样一种可能性：粒子的某些定域属性让探测器的探测出现了偏差，因此我们的抽样不是真正随机的。在任一场贝尔实验中，探测都不完美：只有一部分粒子会被测量到。要得到可靠的结果，被测量的粒子须得真的能代表全体粒子。要排除探测漏洞，我们需要很高的探测效率，这样才能有信心地说我们观察到了粒子的全貌。

确实啊，要是目前的实验结果完全符合量子力学的预测，仅仅是因为我们对粒子的探测效率不够，一旦改善了探测方法就会看到背离预测的结果，那可就太不走运了。

但还是，谁知道呢？因此，2013 年，维也纳大学的安东·蔡林格带领一个研究团队做了个实验。他们使用了一种更高效方法探测粒子（光子），捕捉到了 75% 的光子。对于前文所述的那类 EPR 实验而言，这个效率仍不足以百分之百地确定贝尔不等式被违反了，但蔡林格与同事们使

量子力学，怪也不怪

用了贝尔定理的一个变体，巧妙地把未被测量的粒子可能产生的效应囊括了进去，于是，只要测量效率高于67%，就足以证明量子力学是对的。因此蔡林格等人的实验有着消除探测漏洞的能力，事实上他们也做到了。

还有别的漏洞吗？要想出其他有道理的漏洞越来越难了，但如果不同的漏洞会在不同的实验里起作用呢？这还真是最后的救命稻草。同样，我们还是应该检验一下。现在我们的目标是同时堵上几个不同的漏洞。2015年，荷兰代尔夫特理工大学的罗纳德·汉森领导了一个团队，用一项堪称绝技的实验同时排除了通信漏洞和探测漏洞。实验使用了相互纠缠的电子而非光子，因为电子比光子更易探测，于是避开了探测漏洞。实验把电子的纠缠与光子的纠缠连接了起来，而光子可以沿光纤传送很长的距离（在实验中是1.3千米），因而也堵上了通信漏洞。奥地利的团队，还有美国科罗拉多州博尔德的团队，也进行了同时堵上这两个漏洞的实验。

荷兰团队的实验结果，自然也以"爱因斯坦错了，幽灵般的超距作用是真的"这样的标题被大肆报道。但你现在知道了，情况并不是这么简单。

•

有科学家提出，量子纠缠反映的是跨越空间的相互依赖性，正是这一点缝合了空间和时间的结构，形成了一张"时空"网络，使我们可以谈论"时空"的一部分与另一部分的关系，不过这一想法仍处于高度推测性的理论图景阶段。时空是爱因斯坦的广义相对论所描绘的四维结构，该理论表示它有特定的形状。正是时空的形状定义了引力：质量让时空发生弯曲，弯曲的时空导致的物体运动就使得引力得以显现。换句话说，量子力学与广义相对论所支持的引力理论如何协调一致，长期以来一直是个谜团，而纠缠或许正是解决这一谜团的关键。

在量子宇宙的某些简单模型里，一种看起来很像引力的现象可以只基于量子纠缠而自发产生。物理学家胡安·马尔达塞纳已经表明，一个只有二维空间且全无引力的纠缠量子宇宙模型可以模拟的物理现象，与在充满时空结构（这是按广义相对论描述引力的必需）的三维"空"宇宙中的物理现象相同。这个描述很拗口，但它相当于是说，拿走二维模型中的纠缠，就相当于放出了三维模型中的时空。或者也可以说，三维宇宙中的时空和引力，就好像是其二维边界表面上的量子纠缠的投影。如果遍布在边界上的纠缠，时空就会被拆散，三维宇宙就解体了。

马尔达塞纳的这一理论过于简单，无法描述我们所在的宇宙中发生的情况，因此也只是很初步的。但很多研究者猜测，纠缠与时空的这种深层连接，揭示了量子力学与广义相对论间的某种关联，即，如果想让量子理论和广义相对论相一致，我们需要怎样改变时空观。戴维·博姆在几十年前就预见到了这一点，他提出，量子理论暗指与我们所说的时空相连接的某种秩序，但更为丰富。有些研究者如今认为，时空可能实际上就是由量子纠缠形成的这些相互连接造成的；另一些研究者则认为没这么简单。

　　不管这些想法如何进展，如今物理学家们越发认为，量子引力理论不能仅仅从巧妙的数学推导中产生，而需要我们用新的方式度看待量子力学和广义相对论。时空只是我们设定的一种结构，用来描述一个事物如何影响另一个事物，并表达这类相互作用的局限性。它是因果关系的演生属性。而如今我们已经看到，量子力学迫使我们修改关于因果性的先入观念。非定域性、纠缠和叠加态不仅让物体能完全无视空间的分离而相互连接，也产生了与时间有关的古怪现象，比如产生了时间上"反向因果"的错觉（也许不止于此？），或者允许两个事件的因果顺序发生叠加（因此哪件事先发生就不确定了）。

　　或许宇宙的因果结构是一个比量子理论和广义相对论还更为基本的概念。我们在后文中会看到，为什么这样的因果结构可以成为从头开始重构量子力学，使其基本公理更具物理意义，同时减少其抽象性和数学性的极好出发点。

•

1967 年，贝尔提出引入量子非定域性概念的贝尔定理三年后，数学家西蒙·科亨和恩斯特·施佩克尔发现了量子力学与非定域性相关的另一个反直觉面向。他们的工作与贝尔定理一样具有深远的意义，但直到最近才开始得到较多的关注（贝尔其实得到了与科亨和施佩克尔相同的理解，他于 1966 年就形成了证明，但发表晚于后二人）。

科亨和施佩克尔指出，量子测量的结果可能依赖于它们所处的背景。这与"针对基本是同一套的系统所进行的不同类型实验（比如同一个双缝实验有没有加入'路径探测器'）会产生不同的结果"有微妙的不同。它是在说，我们如果透过不同的窗户去观察一个量子物体，看到的就是不同的东西。

如果你想数一个罐子里的白球和黑球各有多少，不管是先数白球还是先数黑球，是把它们排成五个一排地数还是把两种颜色的球分成两堆再分别称重，你得到的答案总是一样的。但在量子力学中，你即使问同一个问题（"白球和黑球各有多少"），得到的答案可能还要依赖于测量方法。

前文中我们看到，以不同的顺序进行测量（先测量这一项还是那一项）会得到不同的结果。这是因为，要从波函数中提取出可观测属性的值，就要对其进行数学运算，而不同测量顺序的运算是不对易的。

科亨—施佩克尔定理规定了这种对环境的依赖会带来怎样的结果。从效果而言，它也是一条推论，来自：我们选择不去测量的性质会影响我们确实测量了的性质。它要探索的，就是在我们选定的用来观察量子系统的窗户外面，会有什么结果。

关于这一定理，施佩克尔讲了一个故事。一位亚述的预言家不想让自己的小女儿嫁给他认为不配的求婚者，因而为求婚者们设置了一个挑战。他在求婚者面前摆了一排三个密闭盒子，每个盒子里都可能有宝石，但也可能没有。关于这三个盒子装没装宝石，不管你怎么预测，都一定会有至少两个盒子状态相同：要么都是空的，要么都装了宝石（读者只要稍微想一想就会明白一定是这样）。先知让求婚者打开自己认为状态相同的两个盒子，如果说对了，求婚者就可以娶预言家的女儿。但这些求婚者绝不会猜对！他们打开的两个盒子，总会有一个是空的，而另一个里面有宝石。这怎么能做到呢？哪怕单凭概率，也能保证某个人在某个时候猜对吧？

最后，先知的女儿等不及要结婚了，就介入了一个俊俏小伙儿的答题过程，他是一位先知的儿子。不过，她没有打开先知儿子所预测的状态相同的两个盒子，而是打开了一个他猜装有宝石的盒子，又打开了一个他猜是空的的盒子，而两条猜测都对了。预言家无力地反驳了一下，最终也只能承认这位求婚者做出了两条正确的猜测，因此把女儿嫁给了他。

之所以此前的求婚者都没能猜对，是因为这些盒子是量子盒子，预言家让它们相互纠缠、产生关联，使得一旦打开的两个盒子中有一个里面装有宝石，另一个就是空的，反之亦然。这样一来，永远都不可能有人完成预言家设置的挑战，表明自己猜对了。而女儿所做的事则是对同一个系统进行另一套测量，于是就能揭示挑战者的猜测是正确的。这表现的就是量子的"背景依赖性"（或称"互文性"，contextuality）。*

与贝尔定理一样，科亨—施佩克尔定理也列出了，为了得出与量子力学的预测完全相同的实验结果，隐变量（假说性的隐藏因子，让量子物体的属性无论被测量与否，从

---

* 事实证明，把关于这位预言家的故事框架完全准确地套用在科亨—施佩克尔定理上是不可能的，但你可以想出类似的故事。我们之后还会回到量子盒子的话题上来。

量子力学，怪也不怪

一开始就固定下来）必须是什么样子。前文提过，隐变量是定域性的：它们专门适用某一个物体，就像宏观物体的属性那样。贝尔定理提供了理论工具来评估这类定域隐变量是否能够解释实验结果——实验的结论总是不能。

对于隐变量，科亨与施佩克尔提出的是一个更严重的问题。他们的定理表明，你不可能用只与所研究系统自身相关的隐变量来产生与量子力学一样的预测（例如两个粒子的属性关联），一旦给系统引入隐变量，你就必须也考虑用来研究该系统的仪器的一些隐变量。换句话说，你永远不能说"这个系统有如此这般的属性"，只能说它在某种特定实验背景下有这些属性。改变了背景，你就改变了所有的隐变量描述。

因此，你无法在任何情况下都用隐变量来描述关于一个粒子"什么是真实的"。在微观世界里，你不能像在宏观世界里那样，说"球是红色的"，只能说"当我从透过扇圆形窗户看这个球时，它是红色的"。在这些条件下，它"真的是"红色的（但也就是我们说某物"真的是"怎样的这种程度）。但说从方形窗户中看它时它是绿色的，这条陈述也同样是"真的"。好吧，可这个球"其实"是什么颜色的呢？科亨和施佩克尔认为，你无法得出更进一步的结论了。*换句话说，关于一个量子物体，我们能设想出来的所有是非型命题——如它是红色的、它以 10 mph 的速度运动、它每秒自转一次等——不可能同时都得到肯定或否定的确定答案。我们不可能一下子了解所有方面——因为本来它们就不会同时存在。

出于某些难以理解的原因，对量子背景依赖性的实验研究比对量子非定域性的实验研究晚了二三十年。首批清晰证实了科亨—施佩克尔定理的实验直到 2011 年才出现。

长期以来，一直有人怀疑量子非定域性与背景依赖性之间有某种联系。新加坡国立大学的达戈米尔·卡什利科夫斯基提出，它们其实只是同一事物的不同表达——一个更为基本的"量子本质"的不同面向，只是人们还没有给这个"量子本质"找到更合适的术语。不管它叫什么，这一本质都否定了对量子世界的任何"定域实在"描述。所谓定域实在描述，就是认为物体自身内在地拥有一些明确的、界定清晰的本质特征。在量子世界中，你根本就不能

---

* 我选颜色的例子，是为了让读者感受到一丝"背景依赖性"的意味。在现实中，只要你确定了打在一个宏观世界里的球上的光的种类，球就只会被指派一种颜色；如果用不同种类的光照它，它看起来就会改变颜色。但这只是一种视觉的主观效应，与量子背景依赖性并无真正的联系：要更认真地定义"颜色"，我们可以去找其与背景无关的含义。但这种粗略的类比或许能为我们直观地理解量子背景依赖性提供一个立足点。

像在经典世界中所习惯的那样，说"这里的这个东西是这样的，与其他一切东西都无关"。

卡什利科夫斯基与其同事表明，非定域性和背景依赖性应该说实际上是互斥的：一个系统要么展现出非定域性，要么展现出背景依赖性，但绝不会同时展现两者。也就是说，"量子性"要么能让某系统在贝尔类型的实验中展现出超过隐变量所能给出的关联度，要么能让该系统对测量背景展现出超过隐变量所能给出的依赖度；但它不能同时做到两者。卡什利科夫斯基及其同事称这种现象为"行为单配性"（behaviour monogamy）。

那么，让量子物体在两种反直觉行为表现中二选一的"量子本质"，到底是什么？我们不知道。但只是问出这个问题，就已经是理解量子力学的一项进步了——一直以来，找到合适的方法来表达一个问题，都是科学中很重要的一部分。

11

量子达到人类尺度时，就是日常世界

我在前文提到，关于量子力学，"人尽皆知"的一件事是量子世界模糊且不确定。其实还有一件事也是人尽皆知：人人都听说过薛定谔的猫。

所以无怪乎也有很多笑话是关于薛定谔的猫的。其中一个笑话讲，薛定谔正在开车，警察让他停到路边，检查了车子，并问薛定谔后备箱里有没有东西。

"有一只猫。"薛定谔回答说。

警察打开了后备箱，大叫："嘿！这只猫死了！"

薛定谔生气地说："哦，它现在死了。"

别担心，我不会再迂腐地从物理学上解剖这个笑话，让它不好笑了。作为一个物理学笑话，它还算不错，至少揭示了薛定谔选择的这一形象多么引人注目，以至于变成

量子力学，怪也不怪

我们应当在多大程度上把"薛定谔的猫"当真？（图中文字：捉拿薛定谔的猫，既死又活。）

了一个流行的文化符号。

薛定谔引入薛定谔的猫是为了说明，如果我们尝试把世界分成经典和量子两个部分，就会产生悖论。如果经典世界和量子世界不能如此判然地分开，会发生什么呢？

但一只猫的用处有很多，薛定谔引入这只猫也不只是为了呈现宏观世界与微观世界有不同的规则这一问题。他想表明，量子力学容许相互矛盾（或说互斥）的情形——就比如既死且活——共存，这在逻辑上就是荒谬的。

有人可能会认为，薛定谔的这个比喻成功过头了。直到如今，"薛定谔的猫"仍然长盛不衰，仿佛意味着我们对小尺度的量子世界如何变成人类尺度的经典物理学这一问题仍然同过去一样困惑不解。然而事实是，这一所谓的量子到经典的转变过程如今已经在很大程度上被理解了。事情已经起了变化，如今，对于量子如何变成经典的问题，我们的理解已经比薛定谔那代人精确了很多，答案不仅简洁，而且令人震惊。

并不是说量子力学到了大尺度就会被另一种物理学所替代。实际情况是，正是量子物理学引发了经典物理学。根据这一观点，我们日常生活中熟悉的现实，仅仅是量子力学的尺度变成了和你我一样 6 英尺高后的结果而已。你可以说，不管是宏观世界还是微观世界，都是量子力学在起作用。

这样一来，问题就不在于为什么量子世界很"怪"，而在于为什么我们的宏观世界不这么怪。

●

在薛定谔的时代，想象我们可以在微观世界与宏观世界的分界线上打开一扇窗口来直接观察，是很稀奇的。而在当时的人眼中，我们似乎更加不可能对这一边界区域施加任何控制，因此，假装这一边界是绝对的也是可以接受的，尽管其位置有些模糊，且总是处于争论之中。在这种情况下，从量子到经典的转变就像是两个大洲之间的大洋：在公海上的某处划界是相对任意的，但两块大陆毋庸置疑是清晰可分的。薛定谔认为，量子大陆是随机且不可预测的，而经典王国则是有序且符合决定论的，因为后者只依赖于原子尺度混沌的统计规律性。*

然而，如今的我们不再是只能蒙着眼睛从量子大陆驶向经典王国，而已经可以一路仔细地观察周围的变化。技术的进步让我们能进行新的实验，从"量子到经典"和"经典到量子"两个方向探索交界处的情况。科学家到达了宏观与微观之间的中间尺度，即"介观尺度"（mesoscale），在这里我们可以在字面意义上"看到"量子世界变成经典世界的过程。

---

* 不过薛定谔认为，生命世界是个例外。在生命世界中，秩序在分子尺度上得以保持。他称，生命不是"来自无序的有序"，而是"来自有序的有序"。单独一个分子事件，如染色体突变，很可能受的是量子规则的主宰，但它能产生一个确定的宏观效应。薛定谔对这一情形的思考让他写成了《生命是什么》一书（1944）。这本书深刻地影响了一代生物学家，激发他们阐明了基因与遗传的分子原理。

新的实验手段不只是允许我们研究量子与经典之间的转变，更敦促我们如此去做。介观尺度的距离通常以纳米（毫米的百万分之一）计，通常相当于几千到几百万个原子的直径之和，纳米技术和分子生物学处理的对象就在这个尺度上。如果我们希望介入这一尺度来达到一些实际的目的，比如解决工程或者医学问题，那我们就需要先决定使用哪种理论：是用量子理论，还是经典理论，还是两种理论各用一点儿？

然而，真正变革了我们对量子—经典转变的理解的，是理论上的进展，而非实验上的进展。科学家们意识到，他们需要考虑一个被量子理论先驱所忽略的要素，虽然从字面意义上讲，他们身边到处都是这种要素。

•

薛定谔提出"恶毒的（他自己所言）薛定谔的猫"思想实验是在 1935 年，为的是质疑玻尔对量子力学的诠释。薛定谔在很大程度上与爱因斯坦一样，对哥本哈根诠释持怀疑态度，而"薛定谔的猫"就是在爱因斯坦发表了描述纠缠的 EPR 论文之后，从与爱因斯坦的通信中生发出来的。

玻尔给量子世界和经典世界设定了一条严格的分界线，并认为观测就是区分开两种世界的过程，这都没问题。

但如果量子世界与宏观世界在无人观察的情况下发生耦合了呢？薛定谔就是要寻找这么个他所谓的"荒谬情形"：似乎根据量子力学，我们每个人都会遇到某种宏观的叠加态，它不仅怪异（比如一个很大的物体"同时位于两个地方"），而且逻辑上矛盾。我们无须在字面上把这一情形当真，但它确实以归谬法说明了量子力学的问题。爱因斯坦通过 EPR 论文把一桶火药置于爆炸与未爆炸的叠加态，而薛定谔则用他的猫给火药桶又加了码。

薛定谔的猫位于一个盒子中，盒子里有某种可能杀死它的机关——薛定谔想的是有一瓶毒药，瓶子打破后会释放出致死的雾气，而如果某种个量子力学支配的事件产生了特定的结果，如放射性原子衰变，就会打破瓶子触发毒气释放。不过，把触发毒气的量子事件想象成原子的自旋（以及其与磁场的耦合）在概念上更为简洁：如果自旋向上，瓶子就被打破，而如果自旋向下，瓶子就完好无损。然后，我们制备一个处于自旋向上与向下叠加态的原子，关上盒盖。这时，薛定谔写道，我们看起来就不得不把整个系统描述为这样一个波函数，"在其中，活猫与死猫会等量混合、等量被抹杀"——而猫会一直保持这个状态，直到我们测量（看）它为止。虽然我们可以关于"一只既活又死的猫"写一些东西，但没人清楚这样的概念在逻辑上有什么意义。

量子力学的不确定性隐匿于我们无法直接观察的微观尺度上时，我们可能会满足于接受它，但薛定谔提出的这一宏观图景迫使我们正视这种令人迷惑的现象。正如他所说：

> 那些（思想实验）案例中的典型情况是，原本局限于原子领域的不确定性被转化成宏观领域的不确定性，并可以通过直接的观察来消除。

薛定谔的思想实验很博人眼球，但过于复杂了。我们无法轻易说出什么样的猫是活的，什么样的猫是死的——甚至医生都不能总是直接判定一个生命什么时候就死了。如果把问题表述成在"薛定谔的表盘"上指针同时指向两个数，或许更为清楚一些，但这也是我们无法形象化的情况——它的意思是指针出现了某种幽灵般的重影，一半指向这里，一半指向那里吗？但不管怎样，正是因为引入了猫这一形象，这个思想实验才有了如此有传染性的吸睛能力，如此令人困惑，如此荒谬。

有什么办法可以摆脱这个荒谬的想法吗？

•

薛定谔的猫迫使我们重新思考这个问题：究竟是什么

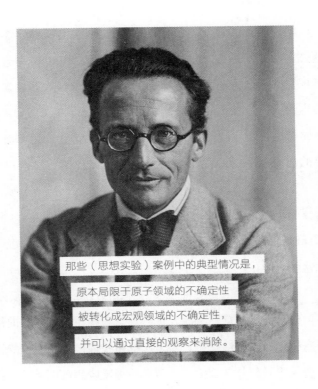

那些（思想实验）案例中的典型情况是，原本局限于原子领域的不确定性被转化成宏观领域的不确定性，并可以通过直接的观察来消除。

把量子行为与经典行为区分了开来？如果不能明确二者的区别何在，我们为什么还要接受玻尔的主张，认为它们有着根本上的不同？

我们可能会倾向于指出，像咖啡杯这样的经典物体具有一些量子物体不一定有的特性，比如明确的位置和速度，以及它的特征都位于自身之上，不会神秘地在空间中弥散。

或许我们也可以说，经典世界是由确定性来定义的（不是这样，就是那样），而量子世界（在我们进行经典式的测量前）则不过是一大片概率，一次次的测量结果都是碰巧决定的。而最根本的区别，则在于量子物体具有波动性：薛定谔方程让我们把它们描述得好像是波，尽管是一类特殊的、抽象的、仅仅表示出各种概率的波。

正是这种波动性，产生了干涉、叠加、纠缠等特殊的量子现象。量子"波"之间如果有了某种明确的关系、即同步时，这些行为就可能出现。这种协调现象称为"相干"（coherence）。

相干的概念来自对普通波的研究。在经典情况下，有序的波干涉（如双缝干涉）也只发生在相互干涉的波的振荡之间存在相干性之时。如果没有相干性，波峰与波谷就不会发生系统性的重合，也就不会产生规律的干涉图案，只会产生随机、无规律的振幅分布。

同样，如果两个态的量子波函数不相干，它们就不会发生干涉，也无法形成叠加态。因此，失去相干性，即"退相干"（decoherence），会摧毁这类根本上具有量子特色的属性，让这些态表现得更像彼此独立的经典系统。宏观经典物体不会显示出量子相干性，也不会以叠加态的形式存在，因为它们的波函数不相干。

请注意我的用词。设想宏观物体拥有波函数仍然是有意义的，它们毕竟由量子物体组成，因此可以表达为相应的波函数的组合。只是，宏观物体的不同态（比如咖啡杯"在这里"和"在那里"两个态）的波函数不相干。本质上，正是量子相干性使"量子性"得以存在。

（就我们所知）我们没有理由认为，不管是多大的物体，在没有被测量时原则上就不能保持量子相干态。但似乎测量就是会摧毁量子相干性，迫使我们认为波函数"坍缩"了。如果我们能理解测量是如何拆散相干性的，或许就能把测量纳入量子理论的范畴之内，而不是把它视作量子理论止步的边界。

到那时，我们甚至可以搞清楚薛定谔的猫身上到底发生了什么（但我不能保证）。

●

理解退相干所需的理论工具在玻尔和爱因斯坦争论的年月就已经有了，所以我们比较难以说清，为什么它这么晚才成为量子力学的一个核心概念。或许这只是又一个例子，告诉我们，在这个领域里，我们是多么容易忽视在别处会被认为理所当然的事物。因为，要理解量子退相干，关键因素就是我们身边无处不在，却很大程度上被所有科学研究忽略的东西：周围的环境。

在我们的宇宙中，每个真实的系统都处于某个位置，周围有其他东西与其相互作用。薛定谔的猫可能是被放在一个密封的盒子里，但盒子里总要有空气，让它有机会活着。这只猫也要待在某个表面上，与这个表面有热交换。所有这些看似只是细节，似乎在讨论时可以忽略。在大多数科学理论和对实验结果的分析中，哪怕环境因素被考虑在内，也只是被当作小小的随机扰动来源，在我们足够仔细的情况下，可以保持在最小限度。

但在量子力学中，环境会对事情如何发生起核心作用。事实证明，正是它让"量子汤"中产生了经典物理学的幻象。

经常有人说，像叠加这样的量子态十分精细，因而也很脆弱易毁。他们说，把叠加态放在一个干扰较多的环境中，周围不断摇晃的粒子就会破坏娇弱的量子态，让波函数坍缩，让叠加崩坏。但这么说可不太对。既然量子力学给出的是对宇宙的最基本描述，量子态怎么还能脆弱？如果量子力学定律这么容易被破坏，那它们又算什么定律？

真相是，量子力学定律并不容易被破坏，量子叠加态也不脆弱。相反，它们极具传染性，会快速地向外散播，而正是这一过程看似摧毁了它们。

如果一个处于叠加态的量子系统与另一个粒子发生作

量子力学，怪也不怪

用，两者就会相连，形成一个复合叠加态。我们在前文已经看到，这就是纠缠：两个粒子组成一个叠加态，两者间的相互作用使它们成为单个的量子实体。而一个光子撞上一个量子粒子的情况也是一样的：光子和粒子可能就会纠缠在一起。类似地，如果这个粒子撞上了一个空气分子，二者的相互作用也会让它们进入纠缠态。实际上，根据量子力学，这是此类相互作用中唯一会发生的情况。你可以说，结果就是，量子性，也即相干性，扩散得更远了一点。

理论上，这一过程永无止境。被纠缠的空气分子会撞上另一个空气分子，把这另一个空气分子也拉进纠缠态。随着时间推移，初始的量子系统与环境的纠缠程度越来越深，结果就是，我们无法再把量子系统与其周围环境清晰地分开了。系统与环境融合成了同一个叠加态。

因此，量子叠加态并没有真正被环境摧毁，相反，它们把自己的"量子性"传染给了环境，渐渐地让整个世界都变成了一个大的量子态。量子力学无力阻止这一过程，因为它本身并不包含阻止纠缠随着粒子相互作用而扩散的指示。量子性简直是见缝插针。

正是这种量子性的传播，造成了原始量子系统叠加态被破坏的表象。因为叠加态现在变成系统与其环境的共有属性了——因为量子系统失去了独立性，与所有其他粒子共存于一个态，我们只看原本的那一小部分就无法"看到"叠加态，即只见树木，不见森林了。如今，我们所理解的退相干并不是叠加态不存在了，而是我们失去了在原初的系统中探测到叠加态的能力。

只有密切观察系统中所有纠缠粒子及系统周围环境的态，我们才能推断出它们处于相干的叠加态。但我们怎么能指望去监测每一个反射光子、每一个碰撞的空气分子呢？不可能的。一旦量子性泄漏到环境中，总体来讲，我们就再也不能把叠加态重新"浓缩"回原初系统中了。这就是为什么量子退相干在任何意义上都是单向过程。组成拼图的小块已经散落到很远的地方，因此，哪怕原则上它们都还存在于远处，并且永远会在那里，但从实际意义上讲，它们已经丢失了。这就是退相干的含义：有意义的相干性丢失了。

我在上一段的修饰词里又动了点儿小手脚，我说"总体来讲"我们不能让系统重获相干性，但其实并没有哪条定律绝对禁止这一点，只是整体来看这是不现实的。*但如

---

* 仅仅在原则上是否真的有可能实现"撤销退相干"（不考虑某些非常特殊的情况），关于这一点其实还有一些争议。如果进行数学计算，你就会发现，退相干往往会把叠加态散布到环境中，其涉及的量子态数目比可观测宇宙中现存的基本粒子总数还多。这样一来你就必须面临一个哲学问题：仅仅因为宇宙中不存在足够的信息来解决某个问题，我们

果我们能创造出一个简单的量子系统，限制其退相干的速率，并仔细记录它的"量子扩散"过程，我们或许就可以实现回溯。这件事已经有人做到了：在非常特殊的条件下，科学家已经观测到了"再相干"（recoherence）的过程。比如，2015 年，加拿大的物理学家就恢复了两个在晶体中移动的纠缠光子在退相干过程中丢失的信息，从而让这一对光子与环境的纠缠发生了逆转（正是这一过程导致了退相干），并恢复了光子对的最初状态。这种在正确的意义上实现的例外情况，反倒证明了退相干的规则。

•

这样一来，退相干就是一个以一定速率逐渐发生的真实物理事件了。对于一些相对简单的系统，我们可以用量子力学来计算退相干的速率：算出退相干需要多长时间才会摧毁观察的可能性，比如观察某量子物体在两个不同位置的波函数之间相互干涉的可能性。两个波函数的位置相距越远，它们之间的相干被环境摧毁的速度就越快——或者说得更严格一点儿，是它们与环境相互纠缠，并将相干性"泄漏"到环境中去的速度越快。

就可以严格地说这个问题是无法解决的吗？

以我的书房空气中飘浮的一粒微小尘埃为例（其直径仅为 1/100 毫米）。我们考察这粒尘埃的两个位置态，二者的距离如果只有尘埃的直径这么大（好保证它们不重合），则它们之间的退相干会进行得多快？先忽略光子，我们假设房间是黑暗的，只考虑尘埃与周围所有空气分子的相互作用。量子计算表明，这一退相干的速度约为 10^{-31} 秒。

这个时间太短了，短到我们几乎可以说这是瞬时发生的。它还不到光子以光速从质子的一头传播到另一头所需时间的百万分之一。因此，你要是认为你能看见我书房中一粒尘埃的两个不重合的位置态的量子叠加，你可想错了。

那如果我们把这粒尘埃放到真空中去研究，避免它与空气分子碰撞呢？就算这样，还是不能把相干维持太久。室温下的真空中，每时每刻都有光子从维持真空的温暖容器壁上放射出来，在其中往返穿梭。在室温下，这种热辐射在红外频率上最强。与这些"热"光子间的相互作用会让尘埃颗粒在 10^{-18} 秒内退相干，这大概是一个光子穿过一个金原子所需的时间。

我们可以在退相干之前捕捉到这种叠加态吗？或许如今的技术水平可以做到，虽然也极为不易。但如果问题在于热辐射，那我们就把整个环境的温度降低，这样就可以摆脱热光子了！我们可以在太空中做实验。当然，太空中

量子力学，怪也不怪

也不免有一些游离的分子，但我们也假设可以摆脱它们。在这种情况下，还有什么会导致退相干呢？

即使在星际空间中，也不是完全没有光子。宇宙中到处都游荡着光子，形式就是宇宙微波背景辐射，即宇宙的狂怒大爆炸本身留下的微弱余波。单是这些光子，这些创世遗迹，就足以让尘埃的叠加态在大约一秒内退相干。

我不是要说，在极端条件下，你最终也许可以找到一种方法观测到这种"介观的"叠加态——比如在太空中，在不干扰叠加态本身的情况下观测到它。或许你真能做到，这会是个十分激动人心的景象。我要说的是，哪怕对于这一大小的物体，我们都要在十分极端的条件下才能避免退相干。而对于日常条件下、接近宏观尺度的物体而言，退相干实际上都是瞬时发生、不可避免的。

而对于微观物体呢？这时候我们确实可以避免退相干。这才是整个问题的关键所在——正因为如此，我们才能在原子、亚原子粒子和光子身上做实验，并发现它们处于（或者之前处于）量子叠加态。实验数据告诉了我们真相。对于飘在室温空气中的大分子（与蛋白质差不多大），退相干会在 10^{-19} 秒内发生——但在完美的真空中，这样的分子可以保持相干状态超过一周。

正是退相干，使我们无法观测到宏观的叠加态——包括薛定谔的"活死猫",而这与通常意义上的观察毫无关系：并不是说只有有意识个体的"观察"才能"使波函数坍缩"。我们唯一要做的，只是等待环境把量子相干播散开。这一过程发生的效率极高，大概是科学领域中所知的最高效过程。而之所以物体的大小会有影响，原因也很清楚：大的物体与环境的相互作用更多，因此退相干发生得也更快。

换句话说，我们过去称为测量的过程，至少很大程度上等同于退相干（但并不完全等同，我们在后面会看到原因）。在退相干造成影响后，我们就从具有多重性的量子世界进入了具有唯一性的经典世界。

我们现在可以回答爱因斯坦关于月亮的问题了。在没人看月亮的时候，它也存在，因为环境已经无时无刻不在"测量"它了。所有来自太阳的光子在撞上月球并反弹时都是造就了月亮退相干的行为主体，足以让它固定在空间中特定的位置，并赋予其清晰的轮廓。宇宙永远在看。

·

至于为什么人们过了这么久才发现将量子系统变为"经典"系统的机制是退相干，其中一个原因大概是早期的量子理论物理学家无法摆脱"定域性"直觉，即认为一个物体的属性要位于该物体之上。纠缠破坏了这一直觉，但在 EPR 实验被提出并争论了多年以后，物理学家依然抱持着把量子系统与其经典环境截然分开的先入之见。直到20 世纪 70 年代，德国物理学家 H. 迪特尔·策才奠定了退相干理论的基础。而策的研究在很大程度上又被忽略了，直到 20 世纪 80 年代有人提出了"退相干"一词。1981—1982 年，美国新墨西哥州洛斯阿拉莫斯国家实验室的沃伊切赫·楚雷克发表了两篇出色的论文（他曾是约翰·惠勒的学生），重新唤起了学界对"退相干方案"的注意。

退相干的论证在理论上看起来是很可信的——但它是对的吗？我们能实际观测到量子效应泄漏到环境中去的过程吗？1996 年，法国光学家塞尔日·阿罗什与在其巴黎高师的同事一起，对上述问题进行了检验。他们研究了某一类光阱（称为"光学腔"）中的一束光子，在光学腔中，光子只能弹来弹去，但无法脱离。研究者让一个铷原子穿过处于两个态叠加的光学腔。在一个态中，原子与光子发生了作用，导致光子的电磁振荡发生偏移，而另一个态未发生改变。然后，实验人员让第二个原子穿过光学腔，被第一个原子影响后的光子态又影响了第二个原子。但这时候光子场的量子态已经发生了一定程度的退相干，所以第二次作用更弱一些，因此，第二个原子与光子作用产生的信号强度，依赖于其与第一个原子穿过的时间差。就这样，阿罗什与同事通过改变两个原子与光子作用的时间差，就可以看到退相干发生的过程。

这一实验过程听起来很复杂，但实际上就相当于在某个时刻为光子创造了一个明确的量子叠加态，然后探测其在先后两个时刻的退相干。粗略来讲，就好像拉伸一个弹簧然后放开，观察其振动能量逐渐消散，因而振动逐渐衰减的过程。也有别的实验在其他相差甚大的系统——例如一种名为"超导量子干涉仪"（SQUID）的电子器件——中监测了叠加态相干性衰减的过程。

在这些实验中，没有太多的余地来控制相干性：你得到什么，就是什么。1999 年，安东·蔡林格、马库斯·阿恩特及他们在维也纳的同事找到了一种方法，可以改变退相干的速率，从而能将理论与实验进行详细的比较。

他们研究了由整个分子的量子波动性而产生的干涉现象——这个实验本身也表明了量子力学对大到显微镜可见的物体也仍然适用。20 世纪 90 年代初，研究者发明了一些技术，能形成连贯的分子"物质波"，即分子的量子力学流，可以用来形成双缝干涉。上述的维也纳团队宣布实现了"富勒烯"的量子干涉。富勒烯是一种大分子，由 60 或 70 个碳原子组成（分别用 C_{60} 和 C_{70} 来表示），形成闭合的笼状，每个分子的直径接近 1 纳米。研究者将这些粒

量子力学，怪也不怪

子引成一条连续的粒子束，穿过一片蚀刻在陶瓷材料上的竖直狭缝网格。狭缝远端的探测器记录到了干涉图案，即在不同的位置记录到的分子数周期性上升又下降的现象。*

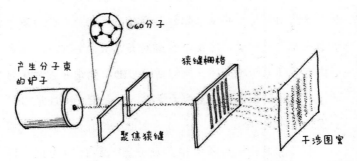

大分子（这里是 C₆₀）的量子干涉。一道校准过的（变得很窄的）分子束穿过一组狭缝，其相干的波动性本质使它们产生了干涉图案（当然，实际的探测方案要比这里展示的简单图示复杂很多）。

研究者可以通过改变仪器中的气压来控制分子束的退相干速率：仪器中的气体分子越多，与它们碰撞并失去相

---

* 对于更大的物体，我们仍然可以观察到干涉效应。阿恩特与合作者接着又用实验展示了这一点，实验对象是含有 430 个原子的特制碳基分子做了实验，其直径可达 6 纳米——这个大小可以在电子显微镜中轻易观察到了，相当于活细胞中小的蛋白质分子的大小。

干性的富勒烯分子也就越多。不出所料，在更多的甲烷气体被充入仪器后，干涉条纹的明暗对比度变弱了。干涉的衰减，反映了物质波的"量子性"正因退相干而被抹去。在这种情况下，研究人员甚至可以通过量子力学计算来预测给定气压的气体能对分子物质波的干涉做出多强的抑制。这些预测与观测结果吻合得极好，一直到干涉图案几近消失时也是如此。因此，退相干不仅是真实的，而且可以由量子理论精确描述。换句话说，量子理论能告诉我们的，不仅有量子世界中发生了什么，还有量子特性是如何变成经典特性的。

不过，退相干也不是故事的全部。到目前为止，我所讲述的都是关于"消失的是什么"——即量子力学相干性——的理论。但为了更完整地理解测量过程，以及经典世界如何从量子世界中演生出来，我们还需要理解"出现的是什么"：即解释退相干如何产生了我们在周围见到的各种具体情形。

量子力学，怪也不怪

12

你所经历的一切，只是其原因的一份拷贝

（还不是一整份）

在解释量子系统接触了经典环境后其"量子性"去了哪儿的问题上，退相干前进了一步，但真正的测量——它必定是经典的，要借助人类尺度的仪器——并不只关乎"量子性"的消失。我们在测量中同样有所获得，就是关于所观察系统的信息。这类信息与量子系统的各属性有何关联，又受何种限制或减损？关于这些信息，我们可以了解多少？为什么经典的测量设备记录到的值，是现在这样？

目前为止，在讨论叠加态时，我一直在暗示量子态占据着某种层级。有些态对应于一些测量结果，而有些态则是不同结果的叠加。前者经过退相干测量后还能保留，后者则不会。

但我们之所以能够创造出叠加态，基本上只是因为它

是薛定谔方程的有效解。那为什么测量自旋的结果只能是向上或向下，而不能是向上且向下呢？为什么会有这种明显的偏爱？薛定谔方程本身并没有回答我们。

你可能会说，如果我们最终测量到的是"向上且向下"的结果，仪器指针就会同时指向两个位置，这就是宏观叠加态了，（据称）是不被允许的。但这算不上一种回答，它只是在说，这类结果之所以不被允许，是因为我们观察不到它，因此不知如何描述它。如果世界果真是这样，那我们大概是会知道要如何描述它的。

应该说，量子力学的理论中没有任何部分会从所有的可能性中选择特定的量子态，并表示只有这些态才是允许出现的测量结果。但退相干理论改变了这一切，它可以解释为什么薛定谔方程的某些解是特殊的，用专业术语讲就是为什么量子力学中有"优先基"（preferred basis）。

这一解释，也为我们如何能够观察世界这一问题，揭示了真正惊人的方面。

•

退相干倾向于把事情搞乱。比如，如果我们制备出一个处于叠加态的量子系统，退相干就会不断揉搓并稀释这个叠加态，直到它在初始系统中无法辨认。但如果退相干是在一眨眼之间就把所有量子态都破坏并稀释了，那么关于某个量子系统，我们就永远不可能发现任何没有被环境不可逆地腐蚀并模糊掉的信息了。我们之所以还能进行可靠的测量，首要地是因为特定的量子态仍有抵御破坏性退相干的"健壮性"。有的态甚至在被浸入环境后仍具其特殊性，沃伊切赫·楚雷克称它们为"指针态"，因为它们代表着测量仪器表盘上指针的可能位置。经典行为，即明确而稳定的态，之所以可能存在，都是因为有这类指针态。

　　量子力学要求我们找出指针态的必备属性。简而言之，指针态的波函数必须具有某种数学对称性：具体而言，导致退相干发生的与环境的相互作用，会把一个指针态转化成一个看起来一模一样的态。前文提到，量子态的相干性与其波函数的相位（你可以理解成波峰和波谷的位置）是否对齐有关。但指针态是一类特殊的态，与环境的相互作用和纠缠导致的相位偏移对它们没有什么影响——相位偏移之后，它看起来还是之前的样子。你可以把这种情况粗略地设想成圆形和方形的差别：圆形绕以其中心转动任意角度，看起来都和之前一样，但方形则不然。

　　这意味着，环境并不是对所有量子性都不加区分地搅乱一气：它会选择一些特定的态留下来，并摧毁其他的态。楚雷克把这一过程称为"环境诱导超选择"（environmentinduced superselection），简称"爱因选择"（einselection）。留下来的态就是指针态，可以被探测到。指针态的叠加则没有这种稳定性，因而不会被"爱因选择"。

但只有指针态，还不足以让量子态逃脱退相干，让我们能测量到。"逃脱"意味着这个态是原则上可测量的，但要测量这个态，我们还是必须收到"这个态可测量"的信息。因此我们需要探寻实验者可以如何获得这一信息。

真的，谁曾想仅仅是观测活动，里面就有这么多门道？

•

进行经典测量时，我们会觉得是在直接探测想要研究的物体。我要给一袋面粉称重，把它拿起来放在秤上就行了。当然，在做这项测量时，我看的不是这袋面粉本身，而是秤的指针，但这没多大关系：我们知道面粉的重量正压缩或者拉伸着弹簧，弹簧的这一活动通过所连接的杠杆或与此类似的机制转变成指针的转动。如果你特别挑剔，非要通过直接经验来测这个重量，你但可以提起这袋面粉，凭你的一点儿经验，通过它对你的胳膊施加的向下的力来合理地估算它的重量：大约是 1 千克。

但是先等等：这种看似最直接的测量方法还是包含了某种机制，只是这种机制碰巧是你身体的一部分。其实你

量子力学，怪也不怪

的胳膊上就有弹簧和传感器，它们记录下力的信息，把这一信息传入你的脑内。如果你的胳膊完全被麻醉了，哪怕你拿着面粉袋，也无法做出测量。

这么说简直像个书呆子。然而，我们前面已经看到，在量子力学中，"测量到底是什么时候做的"这个问题，对于描述测量过程而言至关重要。我们最好谨慎地考虑整个问题，一步一步地分析测量过程。

一台测量仪器必须拥有一些我们可以与之互动的宏观因素，如一个大到足以被我们看见的指针或显示屏。就其本身而言，它自身也一定是环境的一部分，与我们所探测的系统相互作用，因此会诱导出退相干，不过这并不全然是摧毁性的。退相干，即系统与环境的纠缠，正是量子系统向环境传递信息的过程。是退相干让指针移动，使我们能获取到量子系统的信息。多亏了爱因选择，信息在这一过程中经过了过滤，只有指针态得以保留下来。

我要说的是，退相干把某物体的信息印刻进了其周围的环境上。而测量这一物体，就是从环境中收集这些信息。

思考一下一粒尘埃与其周围的空气分子碰撞而导致退相干的过程。空气分子与尘埃相撞后会改变路径，这一路径的改变就记录了尘埃的存在和位置信息。我们如果能发明出某种精妙绝伦的设备，记录下尘埃颗粒反弹的所有空气分子的轨迹，就可以在完全不直接观察尘埃本身的情况下找出它在哪里：只要监测它在环境中留下的印迹就行了。

　　而实际上，这就是我们在测定一切物体的位置或其他所有属性时所做的全部事情。我向下看，看到了桌上的钢笔——但我所以知道它在那里，唯一的理由就是我的视网膜对打在它上面并反弹的光子做出了反应。这似乎也是件微不足道的事，但我们要意识到，由于纠缠导致了退相干，一个物体与环境发生相互作用，让环境带走了它的一部分信息，这一过程从根本上改变了物体本身的量子本质。

　　这一改变，并不一定是出于物体和环境之间发生了能

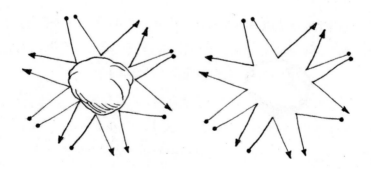

一个物体与环境的相互作用带走了关于这个物体的信息，比如位置。空气分子与尘埃颗粒相撞时会反弹（左），而如果只观察空气分子自身（右），我们也能推断出该尘埃颗粒的位置。空气分子反弹的轨迹就编码了关于尘埃颗粒的某种"复本"信息。

量或动量的交换，也与海森堡所说的"观测扰动了被观测物"毫不相干。这种扰动确实有可能发生，实际上也经常发生：比方说，空气分子撞上了一粒很小的尘埃，就把自身的动量传递给了尘埃，让后者无规则地摇动，因为不同方向的空气分子带给它的小小冲击不一定会形成完美的平衡。但退相干并不依赖于此。退相干来自量子信息的传递：
当一个物体与另一个物体发生纠缠时，每个物体的信息就不再只局限于这个物体自身了。

因此，退相干在测量中的作用，不仅仅是摧毁量子相干性，让物体与环境的联系越紧密就变得越经典。它在环境中创造了物体本身的——或者说该物体的指针态的——一种"复本"（replica）。正是这种复本，或说这种印记，最终在我们的经典测量仪器上产生了读数。

只要一个物体的属性与它周围的环境发生了纠缠，并发生了退相干，我们就可以认为这些属性被测量了。退相干的程度越深，经典测量进行得就越完全，该物体所能表现出的"量子性"就牺牲得越多。至于编码在环境里的信息实际上是不是被哪个观察者读出来了，这都无关紧要。重要的是这些信息到达了那里，因此原则上可以被读出来。

因此，测量并不是全有全无的，它有程度之分。在测量中，量子性被毁坏的程度，正比于我们让量子系统中的信息流入环境的程度。楚雷克与同事比尔·伍特斯证明，在双缝实验中，我们有可能获得一个光子采取哪条路径的部分消息，同时又不失去全部的量子相干性。虽然你不完全确定它要走哪条路，但你有理由认为它更有可能走这条路而非那条路，于是一部分相干性得以保留。而事实表明，在不让光子完全"粒子化"、失去所有相干性的情况下，你也能获得相当多的关于路径的信息。你可以"90% 确定"地知道它会走哪条路径，同时还能获得干涉条纹，对比度是光子呈现出完全波动性时的一半（但如果你尝试去获得剩下 10% 的确定性，你就完全看不到干涉条纹的对比了）。

在退相干过程中，某量子物体的信息被环境带走的过程，也类似于测量"粒子走了哪条路径"的实验。一粒尘埃的位置叠加态的信息被环境"吸收"得越多，尘埃固定在一个位置上的定域性就越强，而叠加态之间可探测的相干性就越弱——这正是我们在前文描述的富勒烯实验中见到的退相干现象。

•

指针态并不一定会以稳定且易于测量的形式印刻进环境。有些环境很擅长诱导量子物体的退相干，但又不能使其固定在可靠且定义清晰的指针态复本上。空气分子的碰

量子力学，怪也不怪

撞就属于这类环境。当然，你可以根据空气分子撞击尘埃颗粒后弹开的轨迹来重构尘埃的位置，但前提是你能赶在空气分子接连相互碰撞、搅乱这个信息前收集到它。另一方面，光子则很擅长留下印记，因为一般而言它们从物体上弹开后不会发生相互作用，因此携带的信息不会轻易被扰乱。有机体感知世界最可靠、最常见的方式是视觉，这可不是偶然！嗅觉要依赖有气味的分子穿过分子相互碰撞频发的空气，因此就不那么有效。有些动物会在视觉效果不佳时（如夜间）使用嗅觉，但就必须要仔细嗅出到处飘散的气味踪迹，而视觉只需要看到目标并朝着走就行。

留下复本作为印记的效率还依赖于系统与环境的耦合方式，即一项测量（原则上）是如何做出的。在某些情况下，我们可以用量子力学方程计算出这种"复制"过程的效率究竟有多高。事实证明，有一些量子态比其他量子态更擅长制造"复本"——它们的"脚印"更深，即留下的"拷贝"更多，它们就是我们更容易测量到的态，也是最终在底层的量子调色板上留下独特经典痕迹的态。你可以说，它们只是"最适于"在测量过程中存留下来的态，因为它们最擅长在环境中复制测量设备可以探测到的拷贝。楚雷克把这番图景称为"量子达尔文主义"。

对于一些简单的例子，如量子物体仅受到热辐射（你可以大致理解成阳光）照射的情况，楚雷克和同事耶斯·里德尔计算了"拷贝"增殖过程的速度和程度。他们发现，在被阳光照射仅仅 1 微秒之后，一颗直径为 1 微米的尘埃的位置信息就已经在周围的散射光子中，印刻了约 1 亿次。

量子态要被观测到，需要克服两个障碍。首先，它们必须足够"健壮"，能抵御退相干——这些态是被"爱因选择"选出的指针态，能形成一组优先基，将叠加态排除在外。其次，它们还需要易于在环境中留下印记。这些态就是被量子达尔文主义选择的态。

这两条标准听起来好像是相互独立的，但它们选出的却是同一组量子态。这也不是巧合。指针态的定义要求它们有健壮性、不易退相干，而这也正意味着它们能一次次不发生改变地被拷贝到环境中。这一属性并不能保证这个态一定会被量子达尔文主义选择，比如它周围的环境可能就是很难维持复本不变；但它创造了一种可能性，即在合适的条件下，这个态可以被测量到。

•

正是因为一个物体的某些态可以被多重地印刻到环境中，物体的客观、经典属性才得以存在。10 个观测者先后测量一粒尘埃的位置，之间若无外力干扰，得出的结果总

　　　　　　量子力学，怪也不怪

是一样的。从这个角度看，我们之所以能给这粒尘埃赋予一个客观"位置"，不是因为它"拥有"这样一个位置（不管"拥有位置"是什么意思），而是因为它可以把一个位置值印刻到环境中的许多个全同复本中，这样不同的观测者测量到的它的位置就都相同。

实际上，位置应该说是物体与环境的相互作用所"选择"的多种属性中最健壮的了。原因很简单，此类相互作用通常依赖物体与环境因素（如其他原子或光子）间的距离：距离越近，相互作用越强。因此，相互作用在"记录"距离这方面非常高效。其带来的必然结果是，位置态的退相干往往发生得极快，因为打在物体身上再散射出来的光子把很多关于位置的信息带入了环境。因此，要想"看到"较大的物体"同时处在两个位置"就太难了。

总的来说，我们在测量时不会收集环境中所有可能获得的信息，只会收集其中的一部分。观察物体时，我们只观测一部分（而非全部）从它身上散射出的光子，而这已经足够了。量子达尔文主义创造了一个精确的框架，解释了这个看似明显又平凡（但实际上并非如此）的事实：我们可以测量的态，不仅要能借多个复本把自己印刻进环境，还要印刻进环境的许多不同部分——这样我们无须四处找寻，就能发现它们。我们可以测量的态，要是最容易找到的。

这一图景有一个古怪的推论。总的来说，如果通过探测某量子系统在环境中的"复本"来测量它的某个属性，我们就会摧毁这个复本（通过将其与测量仪器相纠缠）。那在多次重复的测量中，我们可能"用完"所有可用的拷贝，以至于让这个态此后再也无法被观测了吗？答案是肯定的：测量次数太多，最终应该就会让这个态湮没。

但我们无须为此感到过于困扰。这一推论的意思是，如果我们不停地去"戳"一个系统，以了解它的信息，最终我们会干扰它，让它变成另一个态。这与我们的日常经验完全相符。你当然尽可以一直盯着面前的咖啡杯，而不会让它发生本质上的改变；但一幅古代大师的名画就不一样了，因为颜料经过太多光照后会褪色，这时你就会改变颜料的状态。

对于一个小到很难有任何复本存在的物体，如单个量子自旋，你就更难长时间一直观察它了。只要稍稍一瞥，你就用掉了关于它的所有可获得信息，之后的测量就可能得到不同的结果。量子达尔文主义告诉我们的是，根本上，观察者在量子力学中所起的显见作用并不真的在于探测行为会在物理上干扰探测对象（虽然这是可能发生的），而是在于对信息的收集就是会改变整个图景。测量会擦去环境保留的关于物体的信息。

•

　　　　量子力学，怪也不怪

这一新测量观也带来了另一个深刻影响。因为关于一个量子态的所有可知信息永远不可能在一次实验中就能全部提取出来并印刻到环境中，我们在任一次测量中只能提取其中一部分。在经典物理学中这没什么大不了的，因为我们可以通过多次测量把拼图补全。譬如说，我们可以通过一次实验确定物体的质量，通过另一次实验确定其位置，再通过又一次实验确定其温度，等等。但对于量子系统，这种把零碎信息拼装成整幅图景的方法就不可行了，因为获取每条信息的过程，都会在物体与环境之间引入更多的纠缠，让其他一些（甚至所有）信息发生显著的改变。或者说，这一过程会把原本不确定的量确定下来。因为无法一次获得关于量子系统的所有信息，我们就不能准确复制它，这就好比尝试仿制一幅画，但每次我们看它的时候它的颜色都会变化。量子力学不允许克隆，这一结论会带来很重要的影响，我们在后文中会看到。

我在这里介绍了一种具体的方式，来看待大多数量子谜团，表明我们的测量结果依赖于我们的测量方式，即测量背景。表面上看，这违反了我们的直觉，但一旦我们意识到，每个可能的量子态完全没有理由以同样的方式和程度在环境中留下标记，而此种标记的本质又可能依赖于系统与环境的相互作用方式，那么量子背景依赖性就更好理解了，甚至是完全不可避免的。

但在理解这里的意思时要小心。我们很容易把量子物体设想成一系列属性的集合，其中一些属性在环境中留下的复本较为强健，另一些的环境印记则较为微弱甚至根本没有。因此要揭开那些"别的"信息，我们或许需要另一种耦合方式，在另一个方向上"戳"系统一下。但这种想法仍是在屈从于实在论的思维习惯：设想一个量子物体的所有属性都被内在地决定了，只是我们一次只能读取一小部分。不，我们应当设想物体只拥有一系列"潜能"，环境则通过某种方式过滤并塑造它们，让它们成为现实。

•

如果量子世界与经典世界间的区分仅仅是程度问题，那这个程度又该如何衡量？约翰·贝尔提出了一个回答：你可以寻找各纠缠态之间的非定域关联。量子态之间的关联，强于一切可知属性都已确定且依附于特定物体的经典态（或隐变量）可能实现的关联，而这种差异是可测量的。

楚雷克提出了一个更通用的标准，把适用范围拓展到了贝尔定理所适用的 EPR 类实验之外。量子系统的非定域关联意味着你不可能只通过测量系统的一部分而获取到关于这部分的一切信息，总有一些东西是你不知道的。而在经典情况下，一旦我们发现一只手套是左手还是右手的，关于这只手套的手性，我们就没有什么还不知道的了。

出于同样原因，你可能也可以通过测量与一个系统相纠缠的另一个系统来获知这个系统的信息：借观察"这里"来推导出关于"那里"的信息。

这对于属性相互关联的经典物体（如左手手套和右手手套）也成立，但问题在于有多少信息是真正非定域的，即该信息为一对物体共有，且无法通过单独观察其中任一个物体而推导出来。这就是量子性之所在。

如果两个经典物体全无关联，那么你就不可能通过观察第一个物体得出关于第二个物体的任何信息。而如果二者百分之百相关联，比如它们是手性相反而其他方面完全相同的两只手套，那么你只要观察第一个物体，就能得出关于第二个物体的一切信息。但在两种情况下，你是分别观察两个物体，还是把它们作为一对物体来同时观察，得出的结果都是一样的。

但对量子系统而言，情况就不一样了。有一部分信息编码在一对物体之间，通过观察其中一个物体，或先后单独观察两个物体是无法获知的，这种信息就是其量子性的一种衡量，楚雷克称其为"量子失谐（discord）"。它不仅仅能衡量两个量子物体的"纠缠程度"——哪怕两个物体并不相互纠缠，量子失谐也能衡量它们的量子性。

你也可以把量子失谐看成是，关于一个系统的信息通过测量被获取时，该个系统不可避免地（因为其叠加态或纠缠被破坏等）被扰动的程度。它是对测量的必然代价的衡量：从迷雾重重、难以看清的量子山峰落到经典山谷的地面上有多远。经典系统的量子失谐为零，而如果量子失谐大于零，则意味着系统拥有了某种量子性。

•

现在我们已经近乎拥有了某种"测量理论"。它其实还之前那一套量子理论，只是把环境也包括了进来。它可以解释信息如何从量子系统中被提取出来，再进入宏观仪器，并允许我们（至少在简单的情况下）计算这一过程发生得有多快、多健壮。它解释了为什么一些量可以被有意义地测量（即为什么它们是"可观测"的），而另一些量不能。这一理论也没有在测量中为有意识的个体赋予优越地位。如今，测量的意义变成了"与环境的强相互作用"：强到原则上整个量子态都可以基于它留在环境中的印记推导出来，无论我们实际上有没有真的推导。

量子物体与环境的相互作用，并没有真的让量子相干性丢失——或者说它没有从整个宇宙中消失。但如果仅仅检查量子系统本身，我们是看不到它的，因为它已经散布到了整个环境中，就像一滴墨水在整片海洋里扩散开来。退相干意味着我们永远不可能把一个叠加态重新拼回到一起，就像我们不可能重新取回那滴墨水一样。并不是说那滴墨水不存在了：每一个墨水分子都还无比真实，但把它们设想成某个极大的、高度分散的液滴就没什么意义了。

因此，我们也就没有必要用某种模棱两可而又充满争议的方式，把世界分成量子力学主宰的微观世界和经典的宏观世界了。我们无须再寻找把两个世界分开的假说性"海森堡切口"，因为我们已经看到，量子世界和经典世界本来就是一个连续体，而经典物理学只是量子物理学的一个特例而已。

也请注意，我在本章中完全没有提"波函数坍缩"。这是不是意味着我们已经摆脱了这个神秘的、问题重重的非幺正变换了呢？有些研究者就是这么认为的。罗兰·翁内斯就表示，有了退相干理论，波函数坍缩就"只是一个方便提法，而非必需"。他说，我们当然可以在量子理论中加入其他成分，来把波函数坍缩变成一个真实的物理效应，但如果退相干已经很有效地解释了同一问题，为什么还要费心这样做呢？

但大多数量子研究者并不同意他的看法。简而言之，有一个顽固存在的问题是"唯一性"。量子力学给我们提供了很多可能性，即很多"潜在的现实"，而随着这些潜在的现实与周围环境不断纠缠，可能的选项会越来越少：就在量子力学不断发挥作用的过程中，经典态从中演生了出来。这简直就像某种启示，让我们无须把宏观世界与微观世界看作是彼此截然不同的。

但在我们做测量时，还发生了另外一个步骤。量子态的叠加被一系列清晰的经典态代替——但我们只能看到众多可能态中的一个！

这种选择是如何发生的呢？在任一次测量中，明明这个态或那个态都有可能出现（虽然不可能是"这个态和那个态"了），为什么我们得到的这个态而不是那个？其他可能性都去哪儿了？当然，你可以说它们都消散在周围环境里了——但就算一滴墨水消散在大海里，原则上所有墨水分子都还在。那我们为什么找不到它们呢？还是我们仍然可以找到它们？

或许我们可以找到，但根据常规的量子力学理论是不行的。因为按常规量子理论推出的测量结果，最后一步还是必需一种标志着"波函数坍缩"的数学转换，在这一过程中，众多的可能性变成单一的现实结果。如果你想与一个每件事只产生唯一结果的世界发生联系，你仍然需要坍

量子力学，怪也不怪

缩过程。那么你一定会问：所以被我们称为"坍缩"的，到底是什么？它是更新我们关于系统的知识的过程（正如认识论所暗示的），还是更新我们对可能测量结果的信念的过程（如量子贝叶斯诠释的支持者所言）？是一个实实在在的物理过程，还是一个你只能接受不能质疑的理论的公理性面向，还是……？

退相干理论可以告诉我们很多关于量子如何变成经典——量子规则反直觉的侧面如何变成经典"常识"——的信息，但它不能最终把我们带到最常识性的特征那里：为什么测量到的结果是这个，而不是那个？为什么会有关于这个世界的事实？

13
薛定谔的猫生了小猫

我们得再讨论一下薛定谔的猫。

退相干杀死了这只猫——或者反过来，让它活下来了吗？应该说，不管我们是否愿意，环境都会"测量"这只猫。如果要让这只猫有可能活下来，它的周围就必须有相互碰撞的空气分子，以及热光子，足以在无论我们是否打开盒子的情况下都让猫处于经典态（或死或活）。

但这么说并没有回答问题。原则上，没有什么东西会阻止我们抑制退相干，哪怕我们限于条件无法在真实情况下实现这一点。如果我们给这只猫戴上氧气面罩，穿上隔热服，把它悬浮在超冷真空中，或是你的思想实验所需的任何荒谬的极端环境中，会怎么样呢？

从表面上看，量子力学允许这种既活又死的叠加态存

量子力学，怪也不怪

在。如今，有些研究者是乐于接受这一观点的：既活又死的猫不一定有什么荒谬。他们并不像薛定谔和爱因斯坦那样，感到必须认为这种超现实的场景在本质上是荒谬的。

但实际上，如果我们不在量子语境下定义"活"和"死"，真正写出这两个态叠加的波函数并计算其演化过程，这个问题基本上是没有什么意义的。而我们还不清楚怎样做到这一点——这本来也不是一个足够明确的场景。有人认为，我们的讨论只能到此为止了。

但我们可没法这么轻易脱身，因为我们已经看到，不管怎样，用猫来做这个思想实验都是多余的。薛定谔以猫为例，是为了凸显，量子力学允许两个在定义上互斥的宏观态同时存在，从而推出大尺度的量子性会显现出逻辑矛盾。但我们也可以设想更容易被物理学理论描述的大物体的叠加态。比如说，某物体同时处于两个位置，这在直觉上很难设想，但这两个态在语义上并不相互对立，而且更容易明确和测量：只要找到该物体的重心就可以了。设想同一只（活）猫同时处于这里和那里确实很难，但对我来说它比设想同一只猫在同一时间既活又死要容易一些。

真正创造出一个温热的、毛茸茸的还会动的大个量子物体确实太难了，但如果是一个小一些、行为规律的物体呢？我们是不是就可以控制它与环境的相互作用来抑制退相干？实验科学家目前正在努力制造中等大小的介观物体的叠加态、干涉和其他量子现象，以检验如今量子理论透露出来的信息：量子与经典的界限只是实践中形成的极限，并不根本性的。这只是一个工程学问题。

不管准确与否，他们把这类介观系统称为"薛定谔的小猫"。

·

没有哪种生命体比病毒更小了。它们只是由 DNA 或 RNA 组成的颗粒包裹上了一层蛋白质外衣，首要职责是在一个宿主有机体中自我复制，直径可小至 20 纳米。病毒能否算真正的"生命"体，关于这一点还有争议，但它们无疑是生物界的一部分。那我们能制造出薛定谔的病毒吗？

这个想法的提出者是伊格纳齐奥·西拉克和奥里奥尔·罗梅罗–伊萨尔特，他们工作在位于德国加兴的马克斯·普朗克量子光学研究所。二人设计了一项实验，不仅可以让病毒处于叠加态，甚至可以让一种直径可达 1 毫米、能耐受极严酷环境的微生物，水熊虫，处于叠加态。水熊虫在地球大气层外的飞船外表面都能存活下来，因此或许可以忍受抑制退相干所必需的极度真空和极低温度。

研究人员的想法是把这些有机体悬浮在一个光阱里，

量子力学，怪也不怪

即用强激光场制造出一种力，把物体保持在光束最亮的一部分中间。物体在光阱里会振动，就好像被悬在一根弹簧上一样。实验人员的目标是操纵光阱对物体的作用力，使物体进入不同振动态的叠加态，如每秒振动 1000 次和 2000 次的叠加。有一种简单的方式可以寻找量子行为，即让两个态发生干涉，再寻找发生干涉的痕迹。

让生物体进入这种叠加态，本身并没有多大意义。你完全可以用花岗岩小颗粒来做同样的实验。不是说用水熊虫做了实验，水熊虫就能告诉你处于叠加态是一种什么样的感觉。此类实验还是为了强有力地展示，生命本身并不会阻碍量子力学产生可探测的效应（在实验进行之前，大多数科学家就已经这么觉得了）。

•

整体来讲，薛定谔的小猫们大多是冰冷而了无生气的。有些研究者试图通过一种叫"纳米力学共振器"的很小的弹簧般的结构（包括微小的悬臂、光束，还有像鼓皮般的坚硬薄膜）来诱导出叠加态。一个典型的纳米力学共振器是一束几毫米长、一毫米左右宽的材料，两头固定，中间悬空，就像一座微型的桥。这些结构有特定的共振频率，但由于个头太小，它们的每次共振都受量子规则的主宰：

它可能包含的能量被限制在一系列特定的量子化值上。结构越小,这些量子能态的范围就越广,彼此也越分散。

要让这样一个共振器处于振动态的叠加态,你首先需要让它完全受控:让它处于能量最低的态,即"基态"上。热也会激发更高能量的振动,因此这些纳米力学共振器必须处在温度很低的环境中。利用低温技术,我们可以

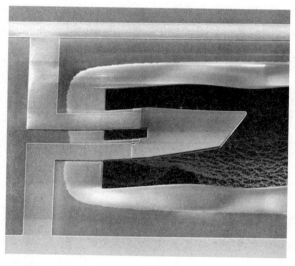

一个微小的共振"跳板",用来产生"介观"尺度的量子振动态。该跳板的长度与人类头发的直径相当,并因材料中的应力而扭曲。图片来源:Aeron D. O'Connell and Andrew N. Cleland, University of California, Santa Barbara

量子力学,怪也不怪

把它们冷却到接近绝对零度的低温，然后用激光束抑制剩下的振动——这种技术被称为"激光冷却"。经过这些过程，我们就可以把这些振动的小物体引导到单个量子态上。

随后，实验者就要把已经被"驯服"的共振器置入叠加态了。实现这个目标的方法之一，是把它连上另一个物体，而这后一个物体的量子态很容易控制。理想的控制系统是一个"量子比特"（qubit），即一个可以在两个泾渭分明的量子态（如自旋向上和向下）之间切换的物体。一个量子比特并不一定要处于两个态之一，也可以处在两个态的叠加中。*如果共振器的态由量子比特控制，共振器也可以处在叠加态上。

这些实验需要极高的精度，因为它们是要在相对较大的物体上寻找很细微的效应，就好像要测量金门大桥因为一辆自行车驶过而发生的振动那样。加州大学圣巴巴拉分校的安德鲁·克莱兰及合作者成功把由一小片坚硬的陶瓷材料制成的共振器与一个由环状超导材料制成的量子比特耦合了起来。他们希望制备出两个这样的共振器，使它们相互纠缠，并探测两片陶瓷片的振荡的关联，这一实验有

------

* 前文提到，叠加态并不是真正的"同时处于两个态"，而是表示一种环境，在其中测量该物体，结果可能是两个态中的任一个。

点儿像寻找 EPR 实验中的关联违反贝尔不等式的证据。其他观察者则尝试制备出处于叠加态的单个振荡器，并观测它们是如何与周围环境纠缠而发生退相干的，即中等大小的"薛定谔小猫"如何把量子性泄漏进周围空间的过程。

•

大多数研究者预期，这些关于薛定谔的小猫的研究会揭示出，我们之所以难以观测到较大物体的量子力学行为，都是因为很难抑制环境诱导出的退相干，因此，小猫的物理尺寸产生的唯一影响就是让退相干更难避免。

然而，随着物体变大，经典行为的产生可能还包含着其他机制。马克斯·普朗克量子光学研究所的约翰内斯·科夫勒和维也纳大学的恰斯拉夫·布鲁克纳认为，即使我们能抑制退相干的发生，在大型物体上我们或许还是只能观测到经典行为。他们认为，我们之所以不可避免地只能观测到经典行为，是因为我们测量的精度总是有限的，永远会带有一个小的误差（不确定度）。

教科书中经常采用的一种论证认为，由于实验精度的限制，我们无法观测到宏观系统中的量子离散性，因为随着系统变大，各离散能级之间的距离会越来越小，因此最终就变成了我们在经典世界中感知到的能量连续体，如一个运动的网球。但这不可能是全部解释，因为能级变密并不会消除物体的量子性，也不能阻止一个物体处于叠加态，比如一个网球处在两个不同速度的叠加态上。它只是意味着量子性会变得极端细密而已。

然而，科夫勒和布鲁克纳认为，测量本质的"粗糙性"——即仪器的精度无法分辨大型系统中过于紧密的各量子态——导致了系统的量子性表现得与经典物理世界无异。透过这样一片粗糙的透镜，描述一个大型物体如何随时间变化的量子方程就被还原成了牛顿的经典力学方程，洗去了纠缠这类非定域的特征。

换句话说，随着系统变得足够大，测量不可避免地不再精确，因此经典物理世界才从量子物理世界中演生出来。量子相干性并未消失，只是我们再也看不到了。也不是说我们无法区分所有这些量子态了：在这一情况下，量子力学产生的特定物理定律正是我们看到的经典物理学定律。经典世界只是从人的尺度看过去的量子世界的样子。

这一设想为薛定谔的猫之谜提供了另一个解答。我们永远不可能看到猫处于既活又死的叠加态，不是因为这种叠加态不存在，也不是因为退相干令它发生了坍缩（虽然这种情况也可能发生），而是因为我们观察不到它：我们的仪器达不到必要的精度。

可是，要分辨一只猫是死是活，不需要什么高精尖的仪器吧！但这并不是我们的目标。我们并不会问"猫是死了还是活着"这样的问题。如果猫站了起来，开始舔碗里的奶油，叠加态已经坍缩了。实际上，仅仅靠眼睛看，你根本不可能看到叠加态：所有打到猫身上再反弹出去的光子一定会导致退相干。你也许还记得前文的双缝实验，其中我们探测到叠加态的方式正是不测量光子的态（即光子是走了这道狭缝，还是那道狭缝），而是寻找叠加态形成的干涉条纹。

　　那我们怎么去寻找一只"活死猫"的"干涉条纹"呢？需要测量什么？心跳吗——测到心跳，猫就活着。温度呢——测量体温甚至不能区分开一只活猫和一只刚刚死去的猫。因此，我们并不清楚一只猫怎样显示出叠加态。正如我在前文所说的，"活"与"死"并不是一对定义明确的量子态（甚至不是定义明确的经典态），所以我们确实不知道该测量什么。

　　那如果我们不让猫处于死活叠加态，转而让它处于不同位置的叠加态，会怎么样呢？我们确实能够测量不同位置的叠加态（尽管我不确定这对一只猫而言要怎样实现），但我们还是不能指望探测到猫的位置叠加态。对一个像猫这么大、温度这么高的物体来说，在设想中，我们能维系的唯一一种位置叠加态，彼此间的距离也会太近，所形成的干涉远小于任何可以搭建的仪器的分辨率极限。最后，我们的观测结果都遵循牛顿定律，而非薛定谔的量子定律。

经典物理世界是因测量精度的限制从量子力学世界中演生出来的，这一想法是可以通过实验来检验的。我们可以给一个较大的物体创造出一个类似薛定谔的猫的态，并使其仍保留可见的量子行为（如干涉），然后再降低测量仪器的精度，观察量子行为是不是随之消失。原则上这是可以实现的，但实现起来不会容易。

•

那，量子物体与经典物体到底要怎么区别呢？看到这里，答案很明显了吧？经典物体不可能处于叠加态（粗略来讲可以理解为"同时处于两个态"），不可能相互纠缠，也不会发生波一样的干涉。但这些描述都只是在说经典物体不可能有出特定的实验表现。它告诉了我们应该去寻找什么样的性质。但根本上的区别是什么呢？

我们的经典观念认为物体的属性应该牢牢固定在物体上，这种观念称为"定域实在论"。这些属性不仅是定域的（即我们在很远的地方测量别的它们没有相互作用的物体，不会影响到它们），而且是实在的，即它们是预先存在的，且可以接受实验的检验。不同的观察者观察同一个物体，都会对它的情况得出一致的结论——这不仅仅是因为他们碰巧测得了同样的数值，而且因为这些数值都与被测物体有着本质的联系。

1985 年，物理学家安东尼·莱格特与阿努帕姆·加格提出了"宏观实在论"，即认为物体会表现出我们在宏观世界中所期望的那种"实在性"；二人为此提出了一批基本规则，也找出了哪类观测结果会与这些规则相容。他们把这种相容性看作一种极限，就像贝尔检验为隐变量描述对粒子关联度的测量也设置了一条极限一样。如果实验打破了莱格特—加格极限，则被测物体就不是宏观实在的。

在过去的 4 年里，有几项实验表明，在相对较小的系统里，即我们预期量子规则适用的地方，莱格特—加格宏观实在论确实被打破了。问题在于，在系统变大以后，宏观实在论是不是依然不成立？但难点在于，随着系统逐渐变大，实验的难度也会不断增加。因此，我们现在还不知道一颗花生是否会违反宏观实在论。但愿以后我们足够聪明，能创造出检验它的条件。

莱格特—加格标准并不是基于反直觉的量子效应提出的，而是从另一个方向切入的：它探寻我们在多大程度上可以依赖对世界的日常经验。一切以定域性和实在论为基

量子力学，怪也不怪

础的物理学理论（如牛顿力学）都会落在莱格特—加格范畴之内。因此，莱格特—加格标准检验的并不是量子行为"往上"能到达什么程度，而是我们经典世界的典型特征"往下"会延伸到哪里——如果它们确实是一项基本需求的话。

•

假设我们认为是宏观实在的东西仅仅是退相干造成的一阵幻象，而原则上像叠加态这样的量子效应确实在一切尺度上都存在，那么，我们有可能找到某种方法，让薛定谔的小猫一路长大成薛定谔的猫，并直接看到它们如何保留着在一次测量中就某个属性展现出不止一种值的能力吗？抑制退相干的技术难题极为庞大，可能永远无法克服；但设想宏观的量子现象看起来会是怎样的，或许并非徒劳。

某种意义上，我们已经能看到它们了。超导性——材料传导电流却无任何电阻的能力——就是某些材料（如金属）在极低温度下展现出的量子效应。当一块材料表现出超导性时，磁体可以飘浮在它上方，留出可见的空隙，这就是量子力学的作用。超流性是另一种量子效应，它让超冷的液氦可以像科幻作品中的黏液似的沿容器壁往上流动，一直流到容器之外。这些奇怪的现象用肉眼就能看到。然而，不管看起来多么奇异和震撼，它们都不属于本书目前为止讨论的"量子性"。它们是深奥的底层量子原理产生的大尺度效应，而不是"同时处于两个态"。

同时在两个态上振动的微型机械臂也无法为我们展示出令人惊叹的怪异现象。一般来讲，我们只能间接地观察到它们，用肉眼是不行的。哪怕我们能在不干扰它们脆弱的量子态的同时，用显微镜给它们成像，我们也不太可能注意到什么出乎意料的现象：这类效应太微弱了。

但一些研究者还是抱有让人类意识直接感到光子叠加态的希望，因为我们的视觉系统极为灵敏。人类视网膜上的杆状感光细胞（称为"视杆细胞"）是灵敏度超高的感光器，能感受到极低水平的光亮——太阳落山以后，它们接替在常态光线下工作的视锥细胞，负责我们的夜视。伊利诺伊大学香槟分校的研究者已经表明，视杆细胞可以捕捉到仅有 3 个光子的光脉冲。他们让志愿者待在一个完全黑暗的房间里，然后在他们的眼前发射闪光，闪光由能按需发射单个光子的现代光学设备所产生，每次闪光仅包含约 30 个光子。实验参与者确实认为他们什么都没看到，但研究人员告诉他们确实有闪光，并让他们猜闪光是从左边还是从右边过来的。这些志愿者们猜对的频率高于随机蒙对的概率。而由于人眼作为整体并不是完美、高效的光子探测器，这些闪光中的光子至少有 90% 在到达视网膜之前就会被吸收掉，因此实验意味着平均每次只有 3 个光子打到了视杆细胞。

那如果闪光中的光子处于叠加态，会发生什么呢？这会对实验被试"看到"的景象产生何种影响？它会让神经脉冲产生某种叠加态，从视杆细胞一直传向大脑，甚至产生感知的叠加态吗？比较有可能的结果似乎是，如果这种实验有可能实现（至少现在还没有），被试也不会产生某种新奇的心理状态，而是跟我们平常的感受并无差异，因为视杆细胞会同一切将量子态转变为经典态的宏观测量仪器一样，在一瞬间引发退相干。但眼下，没有人知道结果会是怎样。

14

量子力学可以为技术所用

　　让由大量量子粒子组成的一个个集合悬浮在纠缠态或叠加态中——可以理解为薛定谔的小猫胚胎——并不仅仅是出于科学家们的好奇。一旦掌握了这一技术，我们就能用这类量子集合做有用的事，比如制造依量子规则运行的计算机。

　　量子计算机已经有了，而且第一台商用的计算机看起来还很像那么回事。这台量子计算机名为"D-Wave"，由加拿大英属哥伦比亚省本拿比的一家公司运营。它是一个神秘的黑箱，仿佛是从科幻片里走出来的主要角色，大小类似于工业冰箱（但内部温度低得多）。它运行一次要花费1000万美元，因此严格说不是一种消费品，但如谷歌、美国航空航天局（NASA）以及洛克希德·马丁航空与先进技术公司等科技巨头，已经各购买了一台。

说实话，关于 D-Wave 是否真的是世界上第一台商用量子计算机还有争议，因为它与大多数研究团队正在开发的量子计算机的工作架构并不一样。但 IBM 和谷歌已经在生产更具主流设计的量子计算机原型机了，很有可能在本书完稿到最终出版这段时间里，还会出现其他类型的量子计算机。

量子计算机利用量子力学原理来大大提高处理信息速度。最终，它们有可能在几秒钟内完成经典计算机耗费几周甚至几年才能完成的计算，因为量子计算机可以用经典计算机根本不可能实现的方式来处理信息。

不过，目前还不清楚量子计算机最终是否有可能代替你的笔记本电脑，哪怕量子计算机的成本最终会有所下降。理论上，量子计算应该能在特定类型的问题上取得现象级的成功，但我们目前还不知道它是不是在一切计算上都能获得此等提升。该领域最大的难题之一不是建造量子计算机，而是想到办法来好好利用它们。

同样，哪怕是最为雏形阶段的量子计算机，其存在本身都表明了，量子力学已经远远不只是描述大多数人永远也遇不到的神秘世界的语言了。量子力学能应用于提升信息技术，这有力地证明了它描述的确实是关于这个世界的真实情况。

不过，量子力学的影响比这还要深远。把量子系统看作信息的仓库，可以存储、操控和读取，就像普通计算机的数字电路一样，这进一步强化了量子理论的核心是信息的观点。正因如此，我们才说量子计算不仅仅是量子力学的实际应用分支。它反映了该学科的某些基本问题。量子计算中哪些可能实现，哪些又不可能实现，遵循的正是主宰量子力学中哪些可知、哪些又不可知的规则。

因此，量子计算就是一条双向通道。它显示的，与其说是基础科学会走向应用科学这样的大众观念（这是有误导性的），不如说是这样一个事实：对技术应用的严格要求会反过来迫使"纯"科学直面它不知道的事物，甚至推进、修正它的知识。许多量子计算的先驱，同时也是对量子力学的意义思考得最深的一群人。如果这些机器和相关的量子信息技术发明得更早一些（我们确实说不出为什么它们不能更早一些出现），那么可以肯定，像玻尔、爱因斯坦、冯·诺伊曼和约翰·惠勒等人，关于它们一定有很多话要说。

•

不管怎么样，有一位量子先驱已经提出过初始概念了。1982 年，理查德·费曼想知道"用计算机模拟物理学过程"

的最好方法。计算机模拟如今已是一个成熟领域：用计算机根据物理定律建模，让这些定律自然发展，看看会出现什么情况，以此来预测事物会如何表现。方程本身通常很简单，但方程的数目很多，在模拟过程中的每一瞬间，我们都必须一遍遍地解这些方程。因此，我们把这件事交给计算机，因为计算机做这类计算比我们快得多、好得多。

如果我们假设事物在原子尺度上也只遵循牛顿定律，计算机模拟通常表现得很好，哪怕我们知道我们在这个尺度上应该使用量子力学，而非经典力学。不过有时候，把原子近似地看成经典台球状的粒子并不够，我们必须把量子行为考虑进来，才能为工业催化或药物作用之类的化学反应进行精确的建模。我们可以通过解每个粒子的薛定谔方程来解决这个问题，但只能得到近似解：我们需要做很多简化，才能让数学计算变得可行。

但如果我们拥有一台本身就按照量子力学的定律运行的计算机呢？这样一来，你所尝试模拟的这类行为就内建进了机器本身的运行方式，"硬连"在计算机的结构中。这就是费曼在文章中提出的观点。费曼用揶揄的保留性措辞指出，这类机器与目前为止人们建造的所有计算机"都不属于同一类"。费曼并没有发展出完整的理论来描述这样的机器看起来会是什么样或者如何工作，但他坚持认为

"如果你要模拟自然，最好采取量子力学的方式"。

费曼想的并不是让计算速度更快。他设想的是，量子计算机能实现经典机器根本不可能实现的事。有些研究者如今依然认为，量子计算机的价值在于这方面，这才会是人们投入巨大的努力来制造量子计算机的最合理理由，而不是"量子加速"。或许（特别是媒体）对速度的关注反映了我们在日常计算方面的经验。在费曼写这篇论文时，很少有人能想象到如今计算机在日常生活中已经到了多么无孔不入的地步，也很少有人能想象到计算机对速度依赖到何种程度。如今，如果有人声称一台计算机会比之前的计算机速度更快，就无需其他理由证明新机器的价值了。

在任何情况下，不管有多少杂音声称量子计算机的计算速度会如何更快，但至少直到最近，还没有人造出一台量子计算机，使其计算能力可以超出一个小学生能够轻松胜任的水平，更不用提超过经典计算机了。有人认为，阻止量子计算机解决更难问题的障碍只在工程学方面，但实际上不管是难点还是可能的解决方案，都依赖于量子物理学的根本特征，而在我们对这些基本原理有更好的了解之前，这些问题是不太可能解决的。

•

今天的所有计算机使用的都是二进制逻辑，将信息编码在由 1 和 0 组成的字符串中。这些二进制数位又称"比特"，可以通过电线中的电脉冲、光线中的闪光或者某种存储器中的磁极方向等来表示。物理上的实现方式并不重要，而且一种编码方式也可以在不改变信息本身的情况下转化成另一种编码方式（在数据存储和传输时就发生着这样的过程）。

计算的逻辑运算可以根据特定的规则改变比特的取值（0 或 1）。一个"逻辑门"所做的，就是接收到输入信号（比如一个 1 和一个 0），再把它们组合成输出信号。比方说，"与"门只有在两个输入值都为 1 时才会输出 1，在其他任何组合下都输出 0。在通常的微处理器电路中，这些门大多由硅制成的晶体管（以及相关的半导体或绝缘材料）组成，起着微型开关的作用。执行一项特定的计算需要进行一系列特定顺序的步骤，即算法，它们组合并操控着输入数据，将其转换成问题的解。不同的计算使用不同的算法。

这种对比特的操控，就是一切计算机计算的本质。剩下的事就是构建相应的软件和接口，让这些比特与屏幕上闪烁的符号、打印在纸上的墨迹或者其他任何能让我们与机器相互交流的形式，实现相互转化。

量子计算机也用 0 和 1 这种比特，但与经典计算机有一个关键区别：用量子比特取代经典比特，而前者的根本玄机是，其二进制信息是编码在量子态中的。比方说，这种态可以是一个光子的两个偏振态，或者是一个电子或原子的向上和向下的两个自旋态。

我们此前已经看到，量子比特可以被放置在叠加态中，它不仅可以表示 1 或者 0，也可以表示两者的任意组合。我们可以认为量子比特同时编码了一个 1 和一个 0，或者一个 1 和一点点的 0，等等。一个经典比特只能以两种不同的态存在，而一个量子比特可以存取一大堆的态；随着量子比特数目的增加，它们能存取的态的数目更会急剧上升。因为选择更宽，所以与经典比特相比，用一组量子比特可以更高效地操控信息。

某种意义上，这种处理信息的能力可以让量子计算机在处理某些计算时比经典计算机快很多（我在后文会解释其发生机理，其中涉及我们现在还没有完全知晓的关窍）。量子计算的目标是用相互作用的量子比特来进行逻辑运算，使编码在它们之中的信息转换成新的组态，同时仍保持量子力学特性，也就是让量子比特叠加态保持"相干"。与经典计算机相同，量子算法也会把输入的 1 和 0 转化成编码了计算结果的二进制数位。

但量子计算也暗藏着一些不利因素。叠加态通常十分

"娇贵"，很容易会被周围环境，尤其是随机的热效应干扰。我们在前文中看到，这并不（像很多描述中暗示的那样）意味着叠加态被摧毁了，只是量子相干性扩散到了环境中，让初始系统退相干了。一旦退相干发生，量子比特就被扰乱了，计算过程也会坍缩。我们可以大致理解成它们的 1 和 0 不再都表示同一条消息了。

　　这不一定是一个"全有全无"的过程。实际上，有可能像热这样的环境干扰仅仅翻转了单个量子比特，让它原本表示的量子态变成了另一个态（比方说把 1 变成了 0），这时候，计算过程可以继续进行下去，但它的一部分已经受到了破坏，得到的结果可能就不可靠了。

　　总的来说，一组量子比特只有在极低的温度下才会整体稳定，在这种情况下热噪声引入的错误最小。对一组量子比特而言，量子相干性的脆弱，意味着哪怕量子计算理论已然很先进，建造实际上可行的设备也需要把电学、光学工程师和应用物理学家的技能发挥到极致。目前，研究者也只能把屈指可数的量子比特组合起来，并让它们保持足够长时间的相干性，以进行各种计算。因此，量子计算机目前还没能做到任何经典计算机轻易能做到的事。

·

在费曼提出富有先见之明的建议后，量子计算的理论在 20 世纪 80 年代中期发展起来，其先驱包括牛津大学的戴维·多伊奇和 IBM 位于纽约约克敦海茨的研发实验室的查尔斯·贝内特。但在那之后，又过了好几年，才有人找出了可以操控量子比特进行实用计算的算法。

1994 年，麻省理工学院（MIT）的数学家彼得·肖尔设计了一种量子算法，对大数进行质因数分解，即把它们写成质数（此类数不能表示成另外两个更小的数的乘积）的乘积。例如，12 可以分解成 $2 \times 2 \times 3$，而 21 的质因数则是 7 和 3。要找到一个数的质因数，还没有任何已知的捷径：你只能一个个地尝试所有的可能性。比如，1007 的质因数是 19 和 53，而 1033 没有质因数（它自己就是一个质数），而这些结果你只能通过一次次的试错来得到。

因此，分解质因数需要我们费心费力地逐一搜遍所有的可能，经典计算机就会这么做。因为经典计算机能在电光火石之间完成很多次简单的算术运算，因此一般可以一瞬间找到某个数字的质因数。但当要分解的数字变得越来越大时，所需相应计算的次数也会快速上升。为了对一个 232 位的数进行质因数分解，几百台计算机花了两年时间，才终于在 2009 年得到了结果。而要对 1000 位的数进行质因数分解，用今天的计算机就已经不太现实了：这可能要花许多代人的时间。

寻找大数的质因数极为困难，这一事实可以用于数据加密。如果我们用一种特殊的方法加密数据，使得只有成功对一个大数进行质因数分解才能破解密文，那么对手哪怕有一台超级计算机，也不能在可行的时间尺度内破解密文。而如果你了解到这些质因数（它们就是解开密文的密钥），那么解码就轻而易举。

用经典方法对大数 N 进行质因数分解，所需时间随着 N 的增大而指数式上升，就是说随着 N 的增大，所需时间的增加速度越来越快。而肖尔找到了一种量子算法，其所需时间随着 N 的增大而增加的速度显著小于经典算法。换句话说，虽然随着 N 的增大，将其分解质因数所需的时间仍会增加，但这个时间比经典计算机所需的时间要短。如果肖尔算法能在一台足够大的量子计算机上运行，那么它就能破解当前所有基于质因数分解的数据加密密文。

不过，这一时刻不会那么快就来。因为制造真正的量子计算机还面临着很多技术挑战，科学家目前只能用肖尔算法分解很小的数，比如 21。而哪怕是 $21 = 3 \times 7$ 这种小学生（应该）只要几秒就能完成的计算，也需要量子工程学最高精尖的技术才能实现。也有人设计出了其他用于分解质因数的量子算法，其中一种也做到了分解比肖尔算法能做到的更大的数，但还远未达到让你的笔记本电脑"累出一身大汗"的程度。

另一项经典计算机只能逐一试错而没有任何更高效的方法完成的任务，是大数据库搜索。比方说，你手里有一项记录，你想在一个大数据库里找到与它匹配的记录，这时你几乎别无选择，只能逐一读取数据库中的每条信息，就好像一个抽屉一个抽屉地去看里面有没有你要找的东西。这意味着，你要找到目标，所需时间正比于你必须翻查的条目数。1996年，新泽西州贝尔实验室的洛夫·格罗弗报告了一种量子算法，可以用快得多的速度寻找目标条目：所需时间仅仅正比于条目数的平方根。因此，对于有100条信息的数据库，格罗弗算法所需的搜索时间只有经典计算机的1/10。经典算法完成这类任务的速度很慢，这一事实也被用于数据加密，因此格罗弗量子算法也有破解密文的潜力。

肖尔和格罗弗的量子算法表明，量子计算机有可能比经典计算机有更快的计算速度，这就把该领域的重点从量子计算机能干什么新事情（比如在原子尺度上精确模拟大自然）转向了它可以运行得多快。然而，说起量子加速的所谓优势，除了质因数分解和搜索以外，科学家们还没能找出更多的问题，使量子计算机的速度大大高于经典计机

　　　　　　　　　　量子力学，怪也不怪

器。目前为止，经过反复测试的量子算法还很少，有些研究者认为最终量子计算机会成为一种专门设备：在一些问题上非常优越，而在其他问题上并不比经典计算机更好。

•

科学家们对于量子计算机能做什么已然颇有疑问，但依然在大力制造出更多的问题。要制造量子计算机，第一个问题就是如何制造量子比特，并让它们耦合在一起，形成并维持相干的叠加态。前文提到，两个或更多粒子形成的叠加态对应于一种纠缠态，因此量子计算机通常需要量子比特处于相互纠缠的状态。后文我们会看到，纠缠态并非必需，但大多数量子计算设计方案都依赖于它。

为了让纠缠保持定域性、范围仅限于量子比特之间，即防止它退相干，就必须让量子比特尽可能地与周围环境隔绝，同时又需要能向它们中输入信息，并从中提取信息。一个想法是把数据编码在原子或离子（即带电荷的原子）的量子能态中，并用光或电磁场将原子或离子囚禁起来。我们还可以把原子自旋当作量子比特，比如把自旋的原子组成某种矩阵，使其成为嵌入硅一类的固体材料中的杂质，就好像蛋糕里的葡萄干那样。事实证明，最有前景的量子比特是一种超导材料环，名为"超导量子干涉仪"（SQUID），在其中，比特可以依电流的循环方向编码。通常情况下，SQUID 只有被冷却到比绝对零度仅高千分之几度的低温时，才能安全地保持自己的数据，而不被热噪声影响。

D-Wave、IBM 和谷歌公司制造的量子计算机用的都是SQUID 量子比特。IBM 公司的机器最接近常规计算设备，它是一个由 5 个数字量子比特组成的微处理器。2016 年，IBM 启动了一个基于云的平台，让公众用户可以在线体验该设备的算力。在我写作本书期间，IBM 和谷歌公布了包含 16—22 个量子比特的设备。与如今笔记本电脑包含的

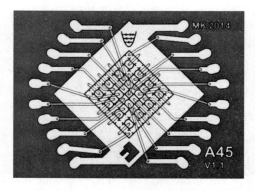

奥地利因斯布鲁克大学制造了一块长度约为 1 毫米的芯片，上面有一个电子阱组成的阵列（上图），可以容纳离子，供量子计算用。图片来源：M. Kumph, Ph. Holz, K. Lahkmanskiy and S. Partel/University of Innsbruck and FH Vorarlberg

数十亿比特相比，这些数字也没什么震撼之处。不仅如此，要进行有效的计算，需要把很多量子比特集合成为单独一个逻辑比特，后者才拥有逻辑处理所需的全套功能，尤其是纠正随机错误的能力。但尽管如此，一台量子计算机只需拥有 40—50 个量子比特，就足以在特定任务上打败目前最好的经典超级计算机——这一目标被称为"量子霸权"（或"量子优势"），是个宏大（实际上甚至有些不祥）的名字。

如今，最繁重的计算问题由极其昂贵的巨型（经典）超级计算机来完成，它们被安放在少数特殊的计算中心，租给用户使用。量子计算机一开始的市场可能也会像这样：

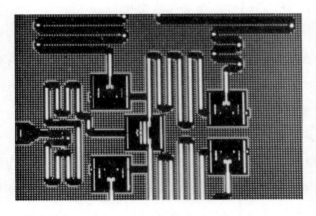

由 5 个量子比特组成的 IBM 微处理器，于 2016 年作为"量子体验"云平台的一部分发布。每个方形结构都是一个超导量子比特。图片来源：IBM

不是真正的市场化状态，而是一个高度中心化的寡头垄断状态。但所有计算机曾经都是这样：精英人士制造大型主机，用来解决深奥的问题。要知道，IBM 创始人托马斯·沃森在 1943 年还曾这样预言（来源高度存疑）：只要 5 台这样的大型计算怪物，就可以满足全世界的所有计算需求。如果谁预测了几十年后量子计算机的状态，我们只能说这个预言家真是大胆甚至鲁莽了。

•

量子计算机最大的问题在于如何处理错误。哪怕是量子计算机，偶尔也会犯错，比如偶然把一个 1 变成了 0。

经典计算机中也会出现这种情况，但不难应对。我们可以为每个比特保留几份拷贝，在需要时一同更新。假设你有三份拷贝，其中一份与另两份不同，你就能相当有把握地认为不同的一份是被某种差错（如电路中的随机事件）改变了，进而可以纠正它。

这种检查并纠正的过程非常重要，因为如果不纠正，错误就会积累并扩散，就好像学生解数学题时那样：在解题中途出一次错，从这一步开始接下来的所有过程就都乱了。但在量子计算中，这种保留冗余拷贝从而进行纠错的方法就不可能实现了。问题在于，一般而言，你如果对一

量子力学，怪也不怪

个量子态做某种操作，就只会得到另一个不同的量子态。
你不可能完全复制初始的量子态。

这是量子力学一个很基本的面向，我们此前已经遭遇，
叫作"不可克隆原理"：对于任一（未知的）量子态，你
不可能克隆出一个完全一模一样的态。

某种意义上，"量子不可克隆"这名字起得不对，因
为复制一个量子态并非绝不可行。在特定环境下，你可以
克隆特定种类的态。不用管这些到底是什么样的态，关键
在于，为了实现克隆，你需要一台为此度身定做的克隆机，
而它只能克隆这一种态。因此，你永远不可能克隆一个任
意的未知量子态，因为你不知道要用哪种克隆机。

"量子不可克隆"看似只是一种技术上的不便，但它
其实是一条深层的原理。一方面，假如精确拷贝量子态是
可能的，我们就有了一项手段，能通过纠缠来把信息瞬时
传送到很远的距离之外。因此，你可以说，正是量子态的
不可克隆性保证了狭义相对论的成立（光速不可超越）。

但不可克隆性的根源是，"未知的量子态"跟未知的
电话号码不一样。它不仅仅是一个我们不知道的东西，而
是一个因为还没有经某种方式被观察，因而并没有被确定
下来的东西。假如我们采用认识论的观点，认为一个量子
态反映的是我们对某个系统的了解处于何种程度，那么"未

知的量子态"就是一种矛盾修辞：如果我们对系统一无所知，就不存在"态"。因此，尝试克隆一个量子态，跟尝试测量这个态有着紧密的关联。在不以某种方式改变初始态的情况下，你既不能测量这个态，也不能克隆这个态。

我们这样来思考：测量和（尝试）复制一个量子态，必须遵循某些特定的规则，而这些规则只会产生特定的结果。例如，你不可能问一个量子态："你是什么态？"而只能问："你是这个态吗？是那个态吗？"然后只得到或是或否的回答。但在如此提问的过程中，你可能就会扰乱你在其他问题上本来会得到的回答。只有提前知道了系统处于哪个态，你才能知道怎么问出"正确"的问题，避免干扰其他一些回答。换句话说，量子不可克隆性其实是来自你不可能一次就任一量子态找出所有的潜在可知信息。

这项关于探测并操纵量子信息的根本限制，会将量子计算机带向何方？乍一看，前景好像不太光明：我们不仅通常不能拷贝量子比特以防止计算被错误干扰，而且也根本不能通过观察来了解计算是不是产生了错误，因为两种情况下我们都要测量量子比特，而一旦测量，就会摧毁量子计算所依赖的至关重要的叠加或说纠缠。

当量子计算还只是纸上谈兵时，纠错问题看起来就是个致命的弱点。但从 20 世纪 90 年代中期开始，研究者发

　　　　　　　　量子力学，怪也不怪

现了探测、纠正并抑制量子比特错误的方法：要务是，在不直接"观察"量子比特的值的情况下，探测它的值是否偏离了应取的值。一种策略是利用冗余数据编码，与经典计算所用的方法有点像，但更为巧妙。科学家在系统中安插了多余的量子比特，它们对于计算不是必需，但会与计算所必需的量子比特发生耦合，因此两类量子比特会有相互依存的值。通过一些巧妙的设计，我们可以借研究这些所谓的"辅助"（ancilla）量子比特来探测计算中有没有发生错误，同时又不会得到关于主量子比特本身的任何特定信息。通过这种隔了一层的间接探测，我们或许可以说，我们"没有"观察主量子比特。

因此，辅助量子比特有着"抓手"的作用，通过操纵它们，我们可以把主量子比特轻轻推入正确的态（或足够接近正确的态），同时没有直接对它们采取任何操作。通过间接地传递指示，我们就仿佛"没有"给出这些指示。

研究者也探索了编码并处理量子信息的方法，好从一开始就抑制错误的产生。此外，应对错误的方法，还有学会与之共处：找到办法去执行一些容错能力很强的量子计算。原则上，少数几处错误显然不一定会破坏整个计算。比如，在普选中仅仅计错几张选票（实际上这是不可避免的），不太可能会影响最终的结果。关键是如何防止计算算法把小错放大成大错。

　　量子纠错正是量子计算领域最活跃的方向之一。它其实是一个工程学问题：如何设计出更好的量子电路。这个问题没有普适的解答，对小数目的量子比特适用的纠错方法，不一定对更大的量子电路还适用。要把量子计算理论变成实际的设备，需要进行很多艰苦的工作，纠错是其中的一部分。然而，为何错误如此难以处理？这个问题则要追溯到量子力学工作机制的根源。

●

　　尽管量子不可克隆性让量子计算机工程师们头痛不已，但它本身也带来了一些技术上的机遇。受哥伦比亚大学物理学家斯蒂芬·维斯纳早先一项提议的启发，20世纪80年代初，查尔斯·贝内特和吉勒·布拉萨尔指出，可以利用纠缠态之间的量子关联性来传送编码在量子比特里的信息，这样信息就无法被窃听。别人永远不可能在不为人知的情况下悄悄截获并读取这类信号。这就是"量子密码学"技术的开端。

　　量子加密的基本思想如下：爱丽丝把她要传送的消息编码在一对纠缠的量子比特中，这对纠缠的量子比特可以是一对光子的偏振态，每个光子要么为1要么为0。每个纠缠光子对中的一个会发送给鲍勃，鲍勃测量到他的光子的态，从而解码消息。

有几种方法（协议）可以防止这个过程被窃听，但它们都利用了如下事实，即如果窃听者（我们称她为"伊芙"）截取了这些光子中的任何一个，在其偏振态未知的情况下，根据量子不可克隆性，她不知道爱丽丝究竟是如何制备它的，所以也就无法复制它。她可以测量这个偏振态，而一旦这么做了，她就摧毁了这个态，于是不能制备出一个完美的复本发给鲍勃，从而掩盖她窃听的事实。

在贝内特与布拉萨尔在1984年提出的最初协议中，爱丽丝用两种不同方式制备纠缠光子。鲍勃只有用与爱丽丝制备它相同的方式来测量收到的光子，才能得到正确的结果，否则只会随机得到或0或1的结果。他只能猜测爱丽丝用了什么样的测量方式，因此根据概率，他只有一半的情况会猜对，并做出正确的测量。但即使他的测量方法不对，用"错误的测量方法"仍然有一半概率会得到正确的测量结果，因此鲍勃的测量数据中有75%是正确的。然后，如果鲍勃用通常的、不安全的"经典"信道告诉爱丽丝自己对每个光子采用了哪种测量方法，爱丽丝就可以查看自己的记录，告诉鲍勃他应该剔除哪25%的结果，而剩下的结果就应该完全匹配——要检查这一情况，他们可以只比对所有数据中的一小部分，用的依然是经典信道。

而如果伊芙拦截了其中一部分甚至所有光子，测量了它们，并制备出新的光子发送给鲍勃，她也只能猜测爱丽丝制备光子的方法，正确率只有一半。结果就是，一旦鲍勃剔除了他以错误方法测得的那25%结果，他和爱丽丝会发现，在剩下的光子里仍然有不匹配的，而这就表示，他们之间的通信遭到了窃听。

因此，这不是说光学信号不可能被窃听，这是可能的。但伊芙永远不可能在爱丽丝和鲍勃毫无察觉的情况下实现窃听。布拉萨尔说，量子密码学"为加密者提供了一种牢不可破的方法，能彻底地赢得对解密者的战争，抵挡住后者任何可能的攻击"。

1989年，贝内特、布拉萨尔与他们的学生用一个粗糙的实验展示了他们的协议，证明他们的想法可以实现，但还远未达到实际应用的程度。从那时起，研究人员一直在提高技术，如今已经有私人公司在出售量子加密设备了，如瑞士的 ID Quantique 公司。2007年，瑞士联邦选举结果从数据输入中心被传送到日内瓦的政府信息库，用的就是这类量子加密技术，不过这次选择量子加密很大程度上只是为了证明其原理是可行的，而非出于实际的保密需求。中国也已经开始建设从上海到北京的光纤量子通信网络，以实现政务与金融数据的安全传输。

如今的量子密码学的应用仍不完美,它的缺陷也为"量子黑客"提供了可攻击的漏洞。这个名号并不像听上去那么不堪和有罪,因为此类活动(目前还?)不是用来非法侵入敏感的真实世界数据的,而更多地被用来探测量子理论的极限:找出量子力学定律允许和不允许我们做什么,并让我们有望对该理论产生更深刻的理解。

•

量子不可克隆原理让我们无法精确复制一个未知(或任意)的量子态。但如果你精于量子技术,你可以借助两个粒子的纠缠,把其中一个粒子的量子态的未知信息传输到另一个粒子的量子态中。这样一来,第二个粒子就变成了第一个粒子的复本,但在这个过程中第一个粒子的信息一定会被擦除。

从实际结果来看,整个过程看起来好像是第一个粒子从它的初始地点消失了,又重新出现在了另一个地方。这一过程并没有带来任何物质湮灭现象,但复本与原始粒子完全不可区分,所以结果是一样的。这就是为什么 1993 年阿舍·佩雷斯和比尔·伍特斯首次发现这种可能性时,称这种现象为"远距重现"(telepheresis)。查尔斯·贝内特则给它起了一个更引人注目的名字："量子隐形传态（teleportation）"。

与量子密码学一样，"隐形传态"过程也需要有一对纠缠粒子 A 和 B，分别位于发送者（爱丽丝）与接收者（鲍勃）处。两个粒子的纠缠通常称为"量子通道"，但可不要真以为有什么东西通过幽灵般的作用沿这一通道"传送"了过去。爱丽丝还有第三个粒子 C，她可能知道这个粒子的态，也可能不知道（两种机制都可行），她的目标是把粒子 C 的态远距传送到鲍勃的粒子 B 中。

为了实现这一目标，爱丽丝要对粒子 A 和 C 同时进行一种特殊的测量，这种测量实际上与贝尔检验中的测量属于同一类。这一测量不会揭示粒子 C 处于哪个态，但由于 A 和 B 相互纠缠，那么如果紧接着鲍勃对 B 进行正确的操作，他就能让 B 处于 C 之前所处的无论什么态。而爱丽丝做出贝尔测量之后，她就已经把 C 原本的态擦除了，因此原始态及其拷贝决不会同时存在。

那鲍勃需要对 B 进行什么样的操作，才能完成隐形传态过程呢？爱丽丝必须通过某种经典手段把测量结果发送给他，他才能从中推得所需的操作。一旦他从爱丽丝那里获得了这一信息（信息的传送速度不可能高于光速），他就能把 B 变成 C 的复本。

　　　　　　　　量子力学，怪也不怪

这种隐形传态过程有可能实现真正意义上的远距传送吗？把神话、奇幻和科幻小说中的想法借鉴到科学中来总是好坏参半。它帮助人们理解了核心概念，但也可能会引起人们不现实或不合理的期望。1997年，蔡林格在维也纳的团队首次在实验中实现了（光子的）量子隐形传态，当时的报纸对此事的报道无不提到《星际迷航》中能把人瞬间传送到世界另一个角落的设备。但我们甚至不清楚在这种背景下的量子传送到底意味着什么——我们根本不知道如何用波函数来描述一只猫，更不用说用波函数来描述心理状态了。原则上，量子隐形传态可以用来在量子计算机或数据网络中利落地四处移动信息，但当新闻告诉你要用这种方法方便地传送人类"还有很长一段路要走"时，这些新闻已经开始把幻想与现实混为一谈了，而对量子力学的专业而言，这是很有害的。

15

量子计算机不一定能"同时进行多项计算"

我直说：没有人完全理解量子计算机是怎么工作的。

没错，我们可以计算并预测一台量子设备会做些什么，同时并不很清楚它是怎么做到的。

大多数普及类的叙述无法让你看出来这一点，甚至有些专业介绍也不行。它们只会告诉我们，量子计算机比经典计算机更快，因为前者可以把信息编码在量子比特的叠加态中，从而能同时进行多项计算，产生所有可能的结果。最后，量子比特整体的波函数以一种巧妙的方式坍缩，准确地得到最终的态，刚好对应于正确的或最优的结果。

这样的描述听起来很可信，很有吸引力。但量子计算机恐怕通常不会，甚至完全不会以这种方式运作。

•

量子力学，怪也不怪

这种"量子并行性",首先出自戴维·多伊奇 20 世纪 80 年代的开拓性研究。今天,该领域的研究者都知道这很可能是个错误的解释,但有些人承认自己还是会为了方便而采用它,尤其是在对领域外的人和记者们解释的时候。也有人对"量子并行性"解释的缺陷直言不讳,并认为"量子加速"的根源有着截然不同的特征。

如果量子计算机的快速并非来自并行性,那么它来自何处?对此学界还没有共识,但我们应当虚心接受自己在这方面的无知,而不是隐藏它,或者用半真半假的说法掩盖它,因为我们在前文中已经看到,量子计算关乎量子力学领域的一些根本性大问题。正如我们可以用量子理论正确预测双缝衍射和贝尔纠缠检验的结果,却不能准确说出为什么会出现这些结果,同样,量子计算在原理上显然有效,但我们也不能准确说出它为什么有效。两种情况都是同一类问题。

多伊奇对量子计算的原始表述,是他深深信奉量子力学多世界诠释的体现。多世界诠释认为波函数每一个可能出现的态都对应着一种物理现实(我们将在下一章讨论这一看法)。按多世界诠释,一台量子计算机其实是在多个世界中同时进行计算,而一台经典计算机只能在一个世界中进行计算。多伊奇确信,量子计算可能存在,这一点正也支持了多世界假说。

但很多研究量子计算理论的科学家认为，量子加速真正的关键，并不在于并行性（更不用说在多世界中进行并行计算），而在于纠缠。量子计算利用量子比特间的纠缠关系来整体操纵它们，因此无须单独对每个量子比特反复进行运算，这可以省去很多麻烦，因为它意味着我们可以在不同的多量子比特态间跳来跳去，无须像经典计算机那样通过中间步骤来进行。纠缠意味着从某种意义上，量子计算机的每个计算步骤能做的事情"更多"了。多亏有量子非定域性，我们才能通过介入"这里"的事件而影响"那里"的情况；同理，只要对量子比特群做一件事，我们就可以得到做很多事的结果。

不过，这也不是看待量子计算的唯一角度。也有人认为量子加速更多是因为不同的量子态之间可能发生干涉：两个量子态的整体概率并不等于它们各自概率的和。当然，纠缠本身就是干涉的一种呈现形式，因为它确立了两个态之间的关联。但没有纠缠的情况下也可能出现干涉，比如双缝实验就是这样。

而如今，研究结果清楚地表明，尽管大多数量子计算架构需要纠缠的参与，但它并非本质要素。德国马克斯·普朗克量子光学研究所的马尔滕·范登内斯特提出了一种实

　　　　　　　量子力学，怪也不怪

现量子计算的理论方法，只需要极小一部分的纠缠便可运行。（为什么不是"完全不需要纠缠"呢？因为范登内斯特的方法是以带有纠缠的态为初始的，然后证明纠缠可以逐渐减少，减少到无限接近于 0，同时并不会影响计算效果。）因此，纠缠在量子加速中或许并不起决定性的作用。当然，反过来讲也是对的：根据理论，量子计算机中纠缠的量再大，或者说量子干涉的量再大，也不能保证量子计算机会比经典计算机更快。*

可是，如果量子计算机的高速度并非来自大量可能的量子比特态带来的多世界，也不是来自纠缠或者干涉，那它来自哪里呢？

另一个可能的来源是"背景依赖性"：量子实验的结果依赖于测量背景。加拿大滑铁卢大学的约瑟夫·埃默森及其同事提出，背景依赖性可能是至少一部分形式的量子加速的隐性要素。但争论还在继续。

·

我们同样不知道，从量子计算这口深井中，我们到底

---

* 实际上，量子计算机的纠缠数量太多也不行。在纠缠数量超过某个阈值后，我们反倒有可能用经典计算机来模拟量子计算机的计算了，也就是说量子优势消失了。

能够汲取出多少东西。加拿大圆周研究所的卢西恩·哈迪和意大利帕维亚大学的朱利奥·基里贝拉团队各自独立发现了另一种方法，可以实现比纠缠量子比特更高效的计算和通信。他们的方法使用了一种反直觉的方式产生了一种方向不明的叠加态：因为信息是在既能发送又能接收的逻辑门之间传送的，因此没人说得出哪边是发送哪边是接收。

在通常的计算机电路，甚至常规量子计算机的电路中，信息会从一个器件被调拨去另一个器件：比方说，一个逻辑器件会从一个地方接收 1 和 0，对它们进行操作，再把它们传递下去。但在帕维亚大学团队提出的架构中，量子比特起着开关的作用，用来控制信号在两个此类器件间传递的方向。我们假设两个器件分别为 A 和 B。量子比特可以被置于叠加态上，这意味着我们可以认为信息是在同时既从 A 传递到 B，又从 B 传递到 A（不过我现在也知道了，不能太过从字面意义上理解这类描述）。

乍一看，这样的情景也不是特别古怪，毕竟事物确实可以同时沿两个方向运动。我们设想有两个盒子，里面装着不同的气体，中间被一条通道相互连接，此时，我们很容易想象两种气体会同时沿着通道向对面的盒子传播，而彼此方向相反。但我们在这里讨论的是信息，不是气体——信息可能是一个单比特，像一个小球。因此，信息同时双向传递，就好像一个小球同时往相对的两个方向移动一样。

这一情况之所以这么令人困惑，是因为它似乎带来了"因果"方向的不确定性：是 A 器件作用于 B 器件，还是 B 器件作用于 A 器件？我们给不出有意义的回答。

维也纳的研究者则通过实验用光子制造出了这种因果叠加态。他们的研究表明，对于某些特定类型的计算，存在容许产生因果叠加态的量子开关，能简化计算过程；这种情况下，在不同的逻辑门之间互换以执行任务的必需量子比特数，少于各部件仅仅处于纠缠态的情况。也就是说，如此打乱因果关系的量子计算机，速度变得更快了。

●

对于很多想造出可以投入使用的量子计算机的研究者来说，量子计算在基本层面上"如何"运行并不特别重要。他们关注的是当前工程方面的实际问题，比如如何延长相互纠缠的量子比特的相干时间，如何在有限的相干时间窗口内尽可能进行更多次运算，如何可控地实现量子比特的耦合与解耦合，等等。

有人说，需要某种"要素"才能实现量子计算的这种思路就有误导性。他们认为，说总有一天我们能像如今以吉字节（GB）为单位买内存那样，批量购买所谓的"量子性"，这乃是幻想。

同样，对于一项计算是否只能通过量子手段来实现，至少有一条标准。这条标准来自"量子失谐"这一概念，即前文沃伊切赫·楚雷克提出的衡量"量子性"的手段。研究人员已经表明，如果某个特定的计算过程"无失谐"，那它一定可以用一台经典计算机来高效地进行。"这相当于说，不管那神奇的量子组分是什么，它都存在于真正具有'量子性'的态中。"楚雷克说。换句话说，在相互关联因而共享某些信息的态中，存在某种量子失谐。

不过，关于量子计算机到底是如何运作的，科学家们还没有找出普适的答案。对不同的实现方式而言，释放量子魔力所必需的特定"量子组分"可能也不一样，哪怕每种实现方式都带有某种量子失谐。因此，对于这类过程，任何简单的描述都注定不完整，甚至是有意误导。

理解量子力学究竟能够以何种方式提升算力，或许反过来也能帮我们理解该领域中最深刻的问题之一：量子信息到底是什么，又可以怎样被传播、被改变。这并不只是一个脱离于制造设备这种具体现实的理论问题。我们已经看到，目前为止，科学家们只提出了少数几种量子算法，且它们主要适于解决特定的问题，如质因数分解和搜索。量子力学的各种特性还不能直接为我们所用，设计出好的

量子力学，怪也不怪

量子算法也是一项非常困难的任务。而如果我们对量子力学在哪一方面具有潜在优势有更好的了解，或许这一任务会变得容易一些。

但没有人清楚我们最终是不是一定能获得这样的理解。"关于此事，我自己的感觉是，量子加速是量子力学整体的一种属性，你无法精确锁定它的来源，"数学家丹尼尔·哥特斯曼说，"某种意义上，如果你对量子力学的掌握已经'足够'，你就能实现加速，否则就实现不了。"

这种观点有一种类似玻尔观点的吸引力：它把量子力学看作一种"物自身"，无法还原成更为基本或说更为片段化的描述。量子计算机究竟是如何运作的？它通过量子力学来运作。

如果你觉得这个回答既不令人满意也无甚教益，那请放心，很多人（有充分理由）对哥本哈根诠释抱有此种感受，也是出于同样的原因。但这种含糊不明至少有一个优点：它给研究者留下了充足的空间，从各种各样关于量子力学之"意义"的观点中汲取灵感。不论如何，就算量子计算机确实只需要一个宇宙，戴维·多伊奇在量子力学方面的多世界观念也帮他开启了量子计算领域。就算批评者对他的观念不屑一顾，对该观念催生的这一领域也是欣然接受。这提醒我们，在科学中，或许尤其是在量子力学这样争论不休的领域中，一种观念是否"能产"，其重要性不亚于它是否正确。

　　至少从这一方面看，多伊奇所坚信的多世界假说是能产的。但这一观念又有多大的可能是正确的呢？

　　　　　　　　　　量子力学，怪也不怪

16

另一个"量子的你"并不存在

如果正如默里·盖尔曼所说，尼尔斯·玻尔给整整一代物理学家洗了脑，让他们接受了哥本哈根诠释，那么下面这个事实表明，要么玻尔的影响今天已然衰弱，要么他一开始就没有洗脑成功。

2011 年，在一场物理学国际会议上，有人做了一个关于"量子物理学与实在的本质"的非正式调查，结果表明，只有不到一半的与会者表示认同玻尔的立场。当然，玻尔的观点仍然是采用人数最多的诠释，领跑优势还相当大，但也不能说它是一种共识了。

16 年前，在于马里兰举行的一场类似会议上，MIT 的物理学家马克斯·泰格马克也发起了一次举手表决。胜出的也是哥本哈根诠释，而支持人数也没超过一半。但泰格马克高兴地看到，排第二的是他自己最喜欢的量子力学观点：多世界诠释。*

你可能早就听过多世界诠释了，毕竟有不少量子理论普及读物都颇用了一些篇幅描述并宣传了它。在量子力学的所有诠释中，它是最不同寻常、引人注意又发人深思的。在多世界诠释最为人熟知的一套表述中，它认为我们住在近乎无穷多的宇宙之中，这些宇宙层层堆叠在同一片物理空间之内，但彼此又相互隔离、独立演化。在这其中的许多重宇宙里，都有你我的"复本"，他们与真正的你我完全相同，只是过着不同的生活。

多世界诠释展示了量子理论迫使我们要以多么奇特的方式来思考。一直以来，围绕它的争议颇多。关于量子力学诠释的争论一直以热烈著称（所有不能以客观证据盖棺定论的争论都往往如此），但多世界诠释登场以后，相应争论就变得极端地热烈，让我们不禁怀疑其中不仅包含了对一个科学之谜的解释，还包含了许许多多别的东西。

多世界诠释与量子力学其他诠释有着质的不同，虽然少有人认识到（或承认）这一点。这就是为什么我直到本书的这一部分才开始讨论它。因为这一诠释不仅关乎量子

---

* 不过,有人提出,这类投票只能反映出组织会议的人更偏向哪种诠释。

　　　　　　　　　　量子力学，怪也不怪

力学本身，也关乎我们要认为科学中的"知识"和"理解"到底意味着什么。它向我们发问：要最终证明我们理解了这个世界，我们需要何种的理论？

•

在 20 世纪三四十年代玻尔表述并改进了后来我们所说的哥本哈根诠释之后，应该说量子力学的核心问题就成了观察或测量导致的神秘"断裂"，而这个问题又被打包进了"波函数坍缩"这个醒目字眼中。

薛定谔方程定义并囊括了一个量子系统所有可能的可观测态。在波函数坍缩（不管这一过程意味着什么）之前，没有任何理由给所有这些可能的态中的哪一个赋予更多的实在程度。因为前文提到，量子力学的意涵并不是某量子系统真实地处于这些可能态里的某一个中，只是我们不知道是哪个。我们可以有把握地说，它不处在任何一个态中，而只能由波函数本身来恰当地描述，只是波函数某种意义上"允许"这些态都有可能成为测量结果。那在波函数坍缩后，除了最后实际被观测到的那个态之外，其他所有可能的态都去哪儿了呢？

乍一看，多世界诠释似乎给这个神秘的消失过程提供了一种令人欣慰的简单回答。它表示，并没有哪个态消失，只是我们感知不到它们了。它还表示，本质上讲，我们应该把波函数坍缩整个儿抛弃。

这一解决办法是在 1957 年由年轻的物理学家休·埃弗里特三世在自己从普林斯顿大学毕业的博士论文中提出的，他的导师是约翰·惠勒。该理论表示要完全利用我们已知的事情来解决"测量问题"，这一已知的事就是：量子力学是有效的。

然而，玻尔及其同事带来了波函数坍缩的概念，可不只是为了把事情搞复杂。他们这么做，是因为这的确是我们所观察到的现象。在做出一次测量时，我们确实只会得到量子力学提供的众多可能结果中的一个。为了将量子理论与现实联系起来，波函数坍缩似乎是必需的。

因此，埃弗里特要说的，就是现实不是我们所见的那样。问题并非出在量子力学身上，而是出在我们对现实的感知上。我们以为测量只产生了一个结果，但实际上所有可能的结果都发生了。我们只看到众多现实中的一个，但其他的现实也都各自也在物理上存在着。

这一思想意味着整个宇宙都由一个巨大的波函数所描述，埃弗里特在其博士论文中称其为"宇宙波函数"。一开始，宇宙波函数包含了其所有组成粒子的所有可能态的叠加，即包含着所有可能的现实。随着它的演化，叠加中

量子力学，怪也不怪

的一些态就脱落了出来，让一些现实与其他现实相隔离，独立存在。在这种意义上，"多世界"不是被测量"创造"出来的，而只是彼此分离了。这就是为什么严格来讲我们不应该说世界"分裂"了（虽然埃弗里特本人也这么说过），就好像两个世界是从一个世界诞生出来的。我们应该说，这两个现实原本都是单个现实的可能未来，而后来它们彼此拆散开了。

在埃弗里特博士答辩的时候（同时他也在一份著名的物理学期刊上发表了这一想法），他的论文很大程度上被忽视了。直到 1970 年，美国物理学家布赖斯·德威特在一本流行的杂志《今日物理》（*Physics Today*）上撰文介绍了这一想法之后，人们才开始注意到它。

德威特在文章中认真讨论了埃弗里特在博士论文中某种程度上一笔带过的问题：如果一项量子测量产生的所有可能结果都真实存在，那它们到底在哪儿，以及为什么我们看到的（或认为自己看到的）只有一个结果？德威特认为，另外的测量结果一定存在于一个平行的现实中，即另一个世界中。你测量了一个电子的路径，在这个世界中电子往这边走了，而在另一个世界中，电子往那边走了。

这就要求电子能横跨到平行世界中一套完全相同的实验设备那里。不仅如此，它还需要一个平行的你来观测到它，因为只有测量行为才能让叠加态"坍缩"。这种复制过程一旦开始，似乎就再也没有尽头：你必须围绕这一个电子建造出一整个平行宇宙，这个平行宇宙在除了这个电子的位置之外的所有其他方面都与我们的宇宙完全相同。多世界诠释确实避免了棘手的波函数坍缩，但代价是造出了另一个宇宙。该理论并没有以科学理论通常做出预测的方式预言另一个宇宙的存在，只是假设了另外一条电子路径也是真实的，从而推导出了这番景象。

在你理解了测量的本质后，这一图景会变得特别夸张。按某种观点，两个量子实体间的任意相互作用（比如从一个原子身上弹开的光子）都会产生不同的可能结果，因此就需要不同的平行宇宙来安放它们。正如德威特所说："每颗恒星、每个星系、宇宙每个遥远角落中的每次量子转变，都会把我们所在的这个世界分裂成无数个拷贝。"泰格马克说："在这样的'多重宇宙'中，每个瞬间都存在着所有可能的态。"这意味着，至少通俗地来看，所有在物理上可能发生的事都在众多平行宇宙中的一个宇宙里实际发生了（或将要发生）。

具体而言就是，在一项测量发生以后，原本的观察者分裂成了两个（或更多）版本。泰格马克说："'做出决定'这一行动，会导致一个人分裂成多个拷贝。"这里的决定

量子力学，怪也不怪

就是测量，即将一系列的可能性变为一个特定结果的过程。两个拷贝从某种意义上来说都是初始观察者的不同版本，而他们各自都经历着一个独特的、平滑过渡的现实，且都坚信自己所在的是"真实世界"。一开始，这些观察者在各个方面都相同，只是其中一个人观察到了这条路径（或是自旋向上，或其他任何测量结果），另一个人观察到了那条路径（或是自旋向下，等等）。但在这之后呢？它们的宇宙自此分道扬镳，渐行渐远。

你大约已经明白为什么多世界诠释*最引人注目而又最为人熟知了。它告诉我们，我们拥有多个不同的自己，他们在别的宇宙中过着别的生活，很可能正做着我们梦想去做但永远做不到（甚至永远不敢尝试）的一切事情。所有的路都有人走。每出现一场悲剧，如1998年上映的受多世界诠释启发而创作的电影《双面情人》中格温妮丝·帕特洛饰演的女主角被货车撞倒，同时也伴随着拯救与胜利。

谁能抵御得了这一想法的诱惑？

●

当然，这一想法要面对一些问题。

* 读者要注意：与哥本哈根诠释一样，多世界诠释也有几种不同的变体，很难概括出一个适用于所有版本的陈述。

首先是关于世界分岔的问题。薛定谔方程本身并不蕴涵什么"分裂"，它只告诉我们量子系统以幺正方式演化，因此其叠加态一直保持为叠加态，不同的态也会保持彼此不同。那在这种情况下，分裂要如何发生？

现在我们认为，这个问题与微观量子事件如何通过退相干形成宏观经典行为的问题相关。平行的量子世界一旦发生退相干就会分裂，因为从定义上来讲，退相干后的波函数，不可能对彼此产生直接的因果影响。也正因此，退相干理论在 20 世纪七八十年代的发展促进了多世界诠释的复兴，为多世界诠释此前模糊的或然图景提供了一条清晰的理路。

从这个角度来看，分裂并不是一个突发的过程。它通过退相干而演化，并只有在退相干抹除了各宇宙之间发生干涉的一切可能性后才完成。虽然很多人愿意把不同世界的出现看作类似路易斯·豪尔赫·博尔赫斯短篇小说《小径分岔的花园》中的未来分岔，但更接近这一过程的比喻可能是摇匀的沙拉汁又逐渐分层成油和醋的过程。因此，问到底有"多少个"世界也没有意义了——正如物理学哲学家戴维·华莱士恰切指出的，这个问题就像"你昨天有过多少经历"一样，你可以列出一些，但无法列举全部。

我们能够解释得更清楚一点儿的问题是，何种现象会

量子力学，怪也不怪

导致世界分裂。简而言之，分裂的次数肯定多到让你眼花缭乱。就在我们自己的身体里，也几乎没有任何生物分子的反应（如细胞内蛋白质分子彼此相遇后的相互作用）可以维持长时间的叠加态。这就意味着，在同一片时空里，每秒钟都天文数字级的事件在影响着我们，至少和我们体内生物分子的相遇次数一样多。

多世界诠释在科学上最大的吸引力在于，它无须在量子力学标准数学表述的基础上做任何改变或增添。不存在专为解释现象而特设的某种神秘的、非幺正的波函数坍缩过程。而且实际上，从定义上讲，它预测的实验结果与我们观察到的现象完全一致。

但如果认真思考一下多世界诠释的内容，我们马上就会发现，尽管它表面上无需太多假设，其预测结果也与观测一致，但它并没有驱除掉量子力学在概念方面和形而上学方面的问题。远没有做到。

•

多世界诠释无疑是众人观点最两极分化的一种诠释。有些物理学家认为它不言而喻是荒谬的；而同时，"埃弗里特主义者"们却坚定地相信它是最符合逻辑、最一致的思考量子力学的方式，其中有些人甚至坚称它是量子力学唯一可信的诠释。对于埃弗里特主义者代表戴维·多伊奇而言，它根本不该是一种"诠释"——我们能说恐龙的存在是对化石记录的一种诠释吗？它就是量子力学本来的样子。多伊奇说："唯一令人震惊的是，多世界理论目前竟然还受到争议。"

我本人认为，多世界诠释的问题极其严重——不是因为这些问题表明多世界诠释必定错误，而是因为它们会导致这一诠释前后不一致。它根本不能以有意义的方式被阐释出来。要有力地表达出对它的反对意见可能需要很多细节，但我在这里还是尝试精炼地概括一下。

我们首先去掉一种错误的反对意见。有些人是出于一种审美理由来批评多世界诠释：他们不接受无数个其他宇宙中，每过一纳秒就分裂出万亿个自己，只是因为这个场景看起来太不像样。我的其他拷贝，其他世界的历史，我从未存在过的世界？老实说，我管你怎样呢！这种因为一个理论在某些人看来"太不像样"就反对它的观点当然不可取——我们是谁，能决定这个世界应该是什么样的吗？

对于这种世界无限增殖的图景，一种更强有力的反对意见认为，问题不在于其他宇宙无穷无尽的数目，而在于该理论对这个分裂过程的讨论过于漫不经心。罗兰·翁内斯称，每个小小的量子"测量"都会孕育一个世界，这一观点"过度强调了各量子事件带来的微小不同，就好像它们对宇宙都至关重要似的"。他认为，这一倾向通常与我们从物理现象中得出的结论相反：对更宏观尺度的事件而言，大多数精微的细节都不会产生什么影响。

但多世界诠释带来的最严重困难之一在于它对"自我"概念的影响。世界分裂产生了多个我的拷贝，这到底是什么意思？"我"的其他拷贝到底在什么意义上存在呢？ *

倾向于多世界诠释的著名物理学家兼科普作家布莱恩·格林只是强调"每个拷贝都是你"，你需要的只是拓宽思维，跳出"你"的既有狭窄定义。这些个体中的每一个都拥有自己的意识，因此每个人都认为他或她是"你"，但真正的"你"是所有这些人的总和。

这种想法有那么一丝诱人。但实际上，这是因为存在了许多世纪的分身譬喻为我们营造了某种熟悉性，让我们轻易就接受了"自我拷贝"，而正是出于这个原因，对所谓的"复本自我"的讨论往往肤浅得令人震惊——就好像我们需要思考的是《星际迷航》某集中出错了的远距传送

---

* 有人认为，多世界诠释中关于自我同一性的讨论应该搁置起来，因为这"不属于物理学范畴"；这是以学科划分为名行怯懦的逃避之实，就好像一位工厂经理拒绝为工厂泄漏出的有毒废物负责，称这些废物泄漏出去后就不在他的管辖范围了。

似的。这些景象并没有让我们震惊，反倒让我们感到满足。这些明显来自科幻小说和电影里的情节让我们感受到了一种越界的兴奋。

马克斯·泰格马克情绪高涨地描绘着其他世界中自己的拷贝："我感到自己与平行宇宙中的马克斯们有很强的血缘关联，虽然我从未遇到过他们。他们与我有着同样的价值观、感受和记忆——他们比我的兄弟们还像我。"然而，这种浪漫化的描述跟多世界诠释的现实相去甚远。"量子兄弟"只是从多世界诠释下的众多世界中挑拣出来的无穷小的样本，只为满足我们大多数人的幻想。那些与本体差别从细微直到巨大的所有"拷贝"，又都会怎样呢？

物理学家列夫·瓦伊德曼认真地思考过不同世界中"量子的你"这一问题。他说："就在这一瞬间，在不同的世界中存在很多不同的'列夫'，但要说现在存在着另一个'我'是没有意义的。换句话说，（在分裂的一瞬间）在这些其他世界中，有很多与我完全相同的存在，而我们所有这些个体都来自同一个源头，就是现在的'我'。"

他说，每个瞬间的"我"都由对其身体和脑的态的完备经典描述所定义。但这样的"我"永远不可能意识到自身的存在。意识依赖于体验，而体验并不是一种瞬时属性：它需要时间，至少大脑神经元自身都需要几毫秒的时间来发放。在一个每纳秒都疯狂分裂无数次的宇宙中，你永远不可能确定意识的位置，就好像你永远不可能把整个夏天都压缩到一天里。

有人可能认为这无关紧要，只要有一种对连续性的感知贯穿在所有这些分裂过程中就行了。但如果这种感知没有存在于某个有意识的实体中，它又能存在于哪里呢？

而且，假如意识——或者说心灵，随便你管它叫什么——真的可以通过某种方式只沿着一条路径在量子多重宇宙中蜿蜒游走，那我们就只能认为它是某种不受（量子）物理学约束的非物理实体了。可薛定谔方程已经表明别的事物都做不到这点，那意识怎么就能做到呢？

戴维·华莱士可能是多世界诠释支持者中最机敏的一个，他表示，纯从语言学的角度讲，"我"这个概念只有在身份同一性／意识／心灵被限制在量子多重宇宙中单一支里时才有意义。而因为没人清楚这种情况如何才可能实现，华莱士可能不经意间也表明了多世界诠释并没有在提"多重自我"这种妄想。相反，它甚至瓦解了"自我性"的整体概念——它认为"你"没有任何真实的意义。

我可不是想要任何人认为"自我概念不存在真实的意义"这一主张冒犯到了我。但如果多世界诠释会牺牲有意义地思考自我性的可能，我们至少应该承认这一事实，而不是用"量子兄弟姐妹"这样的图景来粉饰它。

●

不过，"量子自我复本"这种科幻景象无疑还是传递出了一些稀奇、有趣的图景。如果任何实验，只要包含对量子过程的结果的测量，都会导致世界分裂，那我们就可以设想制造出一种"量子分裂机"：一种手持设备，可以测量原子自旋并把结果转化成仪表盘上宏观指针的指向（"上"或"下"）——这样的设备可以保证自旋的初始叠加态完全退相干成经典结果。你只要按下设备上的按钮，就可以无限频繁地做这类测量。而根据多世界诠释，每次你按下按钮时，都会产生两个不一样的"你"。

你会怎样行使这种能制造出多个世界和多个自己的力量呢？你或许可以通过玩这种"量子俄罗斯轮盘赌"而腰缠万贯。比如，你的量子分裂机会在你睡着的时候启动，如果指针指"上"，你醒来后账上就平白无故多十亿美元，如果指针指"下"，你会在睡梦中毫无知觉地死掉。我认为，不会有多少人接受这种掷硬币般的概率（不过我们还不清楚简单地掷个硬币会不会也让世界分裂）。但坚定的埃弗里特主义者应该会毫不犹豫地启动这种量子分裂机，因为他们确信自己一定会醒来，拿到那十亿美元。当然，最终只会有一个"你"醒来，其他的"你"都死了。但死了的那些"你"反正也不知道自己死了。当然，你可能会担心其他世界里你的亲人和朋友为你的死而悲痛，但除此之外，理性的选择当然还是启动机器。这番分析有什么问题吗？

•

你不想参加这样的赌局，对吧？我知道为什么：你担心自己百分之百会死。但根据多世界诠释，你也百分之百会活下来，并且变成富翁。

你理解了上面这番话吗？肯定没有，因为这番话在世界的任何正常意义上都没有意义。引用物理学家肖恩·卡罗尔评论另一个话题时发明的说法，这番话"在认知上站不住脚"（讽刺的是，肖恩·卡罗尔本人是鼓呼埃弗里特主义最响的人之一）。

不过，有些埃弗里特主义者还是尝试给出了一种意义。他们提出，虽然所有结果都一定发生，但对任何一个观察者而言，认为一个特定结果出现的主观概率正比于该世界波函数的振幅（瓦伊德曼称之为该世界的"存在测度"）都是合理的。

但"存在测度"这个词具有误导性，因为说多世界中的某个世界"存在得更少"是没有意义的。对于任何给定世界中的"自我"，这个世界就是他的全部——不论好坏。但列夫·瓦伊德曼还是坚持认为，我们应当理性地"关心"与存在测度成正比的分裂后的世界。在此基础上，他认为，哪怕不考虑道德问题，一次次地玩俄罗斯轮盘赌也不可取（甚至如果"好"的结果的"存在测度"过低，只玩一次也都不可取），"因为这样列夫死了的各世界的存在测度会远大于列夫活着且变得富有的各世界的存在测度"。

问题归根结底在于多世界诠释中对概率的诠释。如果所有结果的概率都是百分之百，那量子力学的概率特征要归于何处？而且，两个（或是一千个）互斥的结果，又怎么都能有百分之百的概率呢？

有无数文献讨论了这一问题，但都没有解决它。有些研究者认为这是决定多世界诠释成立与否的关键问题。但大多数讨论都假设这个问题跟有关"自我性"概念的问题是相互独立的——而我认为这一假设是错误的。

为了在多世界诠释内部解释概率为何会出现，有人提出，量子概率只是量子力学在人类意识局限在单个世界中时所表现出的样貌。但如我们所见，实际上并不存在任何有意义的方式来解释或支持这样一种限制。但让我们暂且先接受多世界诠释中的流行观点，即测量前的一个观察者在测量之后分裂成了两个拷贝，而两个拷贝在各自的世界

　　　　　　　　　　量子力学，怪也不怪

里都认为自己独一无二，看看这会将我们带向何方。

　　想象我们的观察者爱丽丝正玩一个简单的掷硬币赌博游戏的量子版本（远不如前文所描述的量子俄罗斯轮盘赌那么激烈和扣人心弦），掷硬币的结果取决于对一个原子自旋态的测量，该自旋态事先已经过精心制备，向上和向下两种态以各 50% 的概率叠加。如果测量结果向上，她投进去的钱就加倍；如果测量结果向下，她的钱就拿不回来。

　　如果多世界诠释正确的话，这个游戏似乎就没意义了——爱丽丝肯定会赢，也肯定会输。她可能会问："但我最后会进入哪个世界呢？"但这样的问题也没有意义，因为在测量之后马上就存在的赢的爱丽丝和输的爱丽丝两人，某种意义上都存在于掷硬币前的"她"本人身上。

　　接下来，我们再让爱丽丝睡个觉。我们让爱丽丝在测量之前入睡，入睡前她知道自己会被推入两个完全相同的房间中的一个，具体进入哪间由量子测量的结果决定。两个房间里都各有一个箱子，但一个房间的箱子里有她押注所用的钱的两倍，另一个房间的箱子里什么都没有。她醒来后，不打开箱子就无从分辨里面有没有钱。但她可以说箱子里面有钱的概率是 50%，这是有意义的。而且甚至在实验开始之前，她还醒着的时候，她就可以说，当她醒来，面对着一个还没有打开的箱子的时候，她就能推导出箱子里面有钱的概率是50%。这样的概率概念难道没有意义吗？

上述思路认为，在多世界诠释中，即使一个量子事件确定会发生，但因为不知道自己处于哪个分支，观察者仍然会生出概率式的信念。

但这也无济于事。假设爱丽丝用非常谨慎的措辞这么说："我即将会有这样的经历：我会在一个房间里醒来，这房间里有一个箱子，箱子里有钱和什么都没有的概率各为50%。"埃弗里特主义者会认为爱丽丝的这一陈述是对的：这是一个理性的信念。

但如果爱丽丝说，"我即将会有这样的经历：我会在一个房间里醒来，这房间里有一个箱子，箱子里有钱的概率是100%"呢？埃弗里特主义者也只能认为这一陈述是对的，是理性的信念，因为一开始的"我"必须能用在未来的所有爱丽丝身上。

换句话说，睡着前的爱丽丝不可能使用量子力学以一种可表述清楚的方法预测在她身上会发生什么。因为除了当前她的有意识的自我之外，她没有任何符合逻辑的办法去讨论其他时候的"她"——而在一个疯狂地不断分裂的宇宙中，"当前她的有意识的自我"也是不存在的。因为在逻辑上不可能把睡着前的爱丽丝与睡醒后的爱丽丝联系起来，所以"爱丽丝"消失了。如果你否认了"观察者"

量子力学，怪也不怪

的连续性，你就不可能利用他或她来支持你的论证。

多世界诠释真正否认的是任何事实存在的可能。它用一系列对"伪事实"的体验来代替了事实：只说我们"认为"这件事发生了，哪怕这件事确实发生了。在这一过程中，它就抹除了我们在过去、当下和未来所体验的事物的任何连贯一致的概念。我们有理由发问：剩下的一切是否还有价值和意义？这样的牺牲是否值得？

●

你或许仍不免要问，"其他世界"到底存在于哪里呢？通常的回答是，它们位于希尔伯特空间中。希尔伯特空间是一种数学构造，包含了薛定谔方程中的变量的所有可能解。但希尔伯特空间是"一种数学构造"，不是一个地方。如阿舍·佩雷斯所说："最简单而明显的事实是，量子现象并不发生在希尔伯特空间中，而是发生在实验室中。"如果多世界从某种意义上说位于希尔伯特空间"之中"，这就意味着方程要比我们感知到的东西更"真实"：如泰格马克所说，"方程最终比语言更为基本"（但奇怪的是这个想法却要用语言表达出来）。多世界诠释似乎要求我们把量子理论的数学方程当作某种现实的结构。除了方程以外，我们没有任何地方安放多世界。有些物理学家甚至怀疑，这么想的人可能是因为对自己所用的数学工具爱得太深，深到决定住在里面。

问题在于，你是像玻尔一样相信量子力学是用来评估我们观测量子世界时可能得到的实验结果的指示，还是将薛定谔方程当作一条不可违反的普适定律，认为它描述了现实，甚至在某种意义是就是现实。

而且问题还不至于此，还会走得更深。我们如何看待多世界诠释，取决于我们对科学这套知识系统有何要求。

每个科学理论（至少我能想到的理论无一例外）都是为了解释世上的事物为何呈现出我们感知到的它们的样子而形成的阐述。一个理论必须能复原出我们感知到的现实，这一假设通常不言自明。不管是演化论还是板块构造论，都无须加入"你在这里，正观察这个东西"之类的表述——我们可以将其视作理所当然。

但多世界诠释却拒绝了这种"理所当然"。固然，它声称解释了为什么看起来似乎是"你"在这里观察到了电子自旋向上，而非向下，但实际上它完全没有触及根本层面的真理。你如果好好思考多世界诠释，会发现它既不承认事实的存在，也不承认作为观察者的你的存在。

它表示，我们作为个体的独一无二的经验并不仅仅是有一点儿不完美，有一点儿模糊和不可靠，而是完全都是幻象。我们如果真的遵循这个想法，而非假装它给我们带来了众多量子同胞，就会发现我们无法对任何可被视为有意义的真相的事物做任何说明。我们不仅是悬浮在语言之中，还完全否认了语言的中介作用。如果把多世界诠释当真，它将不可想象。

△ △ △ △

●

假若多世界诠释真是一个自洽且一致的量子力学诠释，只去解决薛定谔方程的幺正演化问题，同时又不带来新的麻烦，我们自然很应该采取它。

但不幸的是，事实并非如此。它背后的意涵削弱了科学对世界的描述的威力，程度比其他的竞争诠释都远为严重。在它眼中，经验主义完全不能信任：它不再把观察者放在场景中，而是摧毁了对观察者可能是什么样的一切可靠描述。有些埃弗里特主义者坚持认为这不是个问题，我们无须为此困扰——也许你没感到困扰，但我可是很困扰。

不过，尽管我如此强烈地抨击了多世界诠释，但为的不是推翻它，而是揭示它的缺陷，这样的揭示对我们会很有启发。同哥本哈根诠释一样（哥本哈根诠释也有很深的问题），我们应当重视它的价值，因为它迫使我们直面一些棘手的哲学问题。

应该说，量子理论一直以来坚持的都是，在最基本的层面上，世界对很多问题都不能提供一个清晰的"是或否"经验性回答，哪怕这些问题乍看起来好像应该有这样的答案似的。对有些人来说，泰然接受哥本哈根诠释传递给我们的这一事实，可能远称不上令人满意，这也很有道理。多世界诠释是一项富有活力的尝试，以恢复"是否"回答，代价却是让"是"和"否"同时存在了。多世界诠释带来的是一种不成形的宏观实在观，它表明我们确实不能用自己的宏观直觉来裁断量子世界的情形。而我认为，这正是多世界诠释的价值：它封死了一条看似轻松的出路。假设多世界的存在，然后发现走进了死胡同，这整个过程是有价值的。但一直待在其中并坚持自己已经找到了正确的出路也毫无意义，我们应该退回来，继续找。

哥本哈根诠释好像一直在对我们说"不要，不要"，而多世界诠释则像一直在说"是的，是的"。但到最后，如果你认为所有可能的结果都是真实的，你相当于什么都没说。

17

物体可能比它们实际所处的状态更"量子"

（那为什么它们没有呢？）

我希望现在你已经明白为什么如今我们需要转变对量子力学的态度了。对粒子性量子物体的传统概率波描述，有利于与我们熟悉的经典世界（其中的物体会沿轨迹运动）保持概念上的联系，同时又能展现出量子力学的不同。它在直觉上也有助于我们讨论原子和光子。但最终，它给我们留下的是一个奇怪的"杂交"理论，掺杂了一些似乎不太有意义的行为类型：叠加、非定域性、背景依赖性。我们最后只得承认，事物并非真的如此，这只是一种表达方式：尝试在没有足够的叙述工具的情况下把故事讲出来。一旦我们开始触及根本层面，讨论量子理论的"意义"究竟为何时，量子力学在我们眼中就变成了一坨繁复的临时拼凑，只得用"怪言怪语"来搪塞。

如今，将量子力学视为一系列关于信息的规则所形成的集合，看起来越发合理：在信息共享、拷贝、传输和读取时，我们能做什么、不能做什么。将带有纠缠与非定域性的量子世界与不存在此类现象的日常世界区分开的，是量子系统之间的一种信息共享方式，它让我们可以通过观察一个系统而获得关于另一个系统的信息。当我们从粒子的角度思考问题——粒子有某些属性，而属性要在空间中有其位置——这时，非定域性就是个费解的概念；但如果我们把非定域性看作是就一个量子系统所掌握的信息，它也许就不那么费解了。

量子非定域性是一道"免责条款"，让量子力学不会陷入爱因斯坦面对纠缠问题时所感受到的"悖论"：具体而言就是纠缠似乎违反了狭义相对论。非定域性让纠缠物体之间看似可以瞬间发生远距离的相互作用，但又让我们无法通过这类过程超光速发送任何有意义的信息（甚至完全不能发送任何信息）。我们对因果律（即这件事导致了那件事）的直觉性概念得以保留，但必须拓宽对"因""果"含义的理解。一旦我们不再以"伪经典"粒子通过"力"来相互作用的角度来思考问题，而是思考量子系统中的信息存在于何处，这些信息又可以如何探测和相互关联，爱因斯坦的"幽灵般的超距作用"就不复存在了。

量子力学，怪也不怪

亚基尔·阿哈罗诺夫曾师从戴维·博姆，他指出，这种创意简直令人拍案叫绝：就好像有人故意把量子力学设计成这样，既大胆地无限接近违反相对论，又没有真正违反它。这会成为我们了解其真正本质的线索吗？它是否在告诉我们因果关系处在濒临失效的边缘？或者换句话说，有没有可能非定域性才是事物的本质，相对论只是用来限制其影响的唯一定律？这个想法很有趣。如果它是真的，我们或许就更容易看到量子力学和相对论这两个关于世界的基本理论如何合二为一了。

但事情并没有往这个方向发展。我们可以想象一个非定域性更强的世界，但它仍然与狭义相对论相容——我们管这个世界叫"超量子"世界。

20世纪90年代末，物理学家桑杜·波佩斯库和达尼埃尔·罗尔利希的工作证明了这一点，也为"为什么量子力学是这样的"这个问题打开了新思路。我们遇到纠缠时，通常会受它诱使，去思考为什么世界会以如此奇怪的非定域方式运作。但波佩斯库和罗尔利希鼓励我们从另一个方向思考问题："事情本可以表现得更奇怪、更加非定域化（同时也不违反已知物理学定律），但它们为什么没有呢？"

理解为何量子非定域性的威力在这个意义上也是受了限制的，或许能帮我们理解量子力学起初是怎么来的。

•

我说"更加非定域化"，是什么意思呢？讲个故事你或许就明白了。

还记得爱丽丝与鲍勃吧？我们假设爱丽丝和鲍勃每人都有一个黑盒子，往盒子里投一枚硬币，盒子就会吐出一只玩具狗或者一只玩具猫——有点儿像电子游戏厅里的装置。盒子只接受10分硬币和25分硬币，吐出哪种玩具取决于投入硬币的种类。

投入哪种硬币吐出哪种玩具的规则如下：

规则1：往爱丽丝的盒子里投入10分币，吐出的一定是猫。

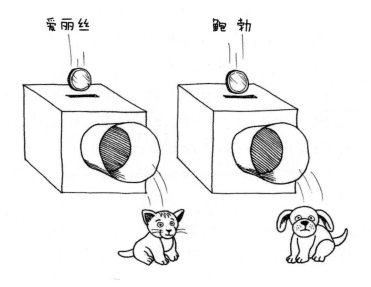

　　　　　　　量子力学，怪也不怪

规则 2：如果爱丽丝和鲍勃都往各自的盒子里投入 25 分币，

　　则两个盒子中一定一个吐出猫，一个吐出狗。

规则 3：如果两人投入的硬币属于任意其他组合，则两个盒

　　子要么都吐出猫，要么都吐出狗。

　　为什么是这三条规则？你先把它们当成制造这两个盒子时任意决定的特征好了。（当然，这三条规则其实并不是任意选取的，而是我为了说明特定一组条件而有意选择的，我们会在后面看到。）

　　有哪些输入和输出的组合满足这些规则呢？

　　如果爱丽丝投入一枚 10 分币，她就会得到一只猫（规则 1）。这时，无论鲍勃投入哪种硬币，他只可能得到猫。又因为两个盒子中都投入 10 分币的话，就都会吐出猫（规则 1、3），所以只有往两个盒子里都投入 25 分币，才能得到一只猫和一只狗的结果（规则 2）。

　　因此两个盒子可以分别给出如下的输入与输出关系：

　　　　爱丽丝：10 分币→猫

　　　　鲍勃：10 分币→猫

　　　　鲍勃：25 分币→猫

现在，唯一没有考虑的就是爱丽丝投入 25 分币的情况了。如果两人都往自己的盒子中投入 25 分币，那一定一人得到猫，一人得到狗（规则 2）。因此，爱丽丝投入 25 分币一定会得到狗（因为鲍勃投入 25 分币会得到猫）：

爱丽丝：25 分币→狗

但这样就矛盾了。这意味着，如果爱丽丝投入 25 分币，鲍勃投入 10 分币，他俩会得到一只狗和一只猫，但根据规则 2 和规则 3，只有在两人都投入 25 分币的时候，我们才能得到一猫一狗的结果。因此，这种投币组合无法得到符合规则的结果——它打破了规则。

我们能找到其他输入和输出的方法来完全满足规则吗？不能（你可以自己尝试一下）。不管你怎么设置投入硬币的情况，你会发现你在四种情况中只有三种情况能满足规则，就是说成功率最高为 75%。

那如果爱丽丝和鲍勃的盒子可以根据彼此的输入情况交换输出结果呢？想象一下两个盒子之间存在某种连接，可以相互通信，因此鲍勃往他的盒子里投入一枚 10 分币会得到一只猫还是一只狗，依赖于爱丽丝往她的盒子里放的是哪种硬币。这样一来，我们就能得到更好的结果了。

　　　　　　　　　　量子力学，怪也不怪

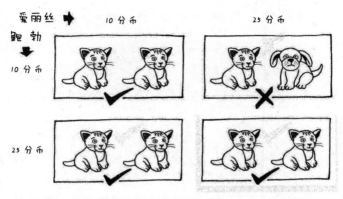

对于爱丽丝和鲍勃的盒子，在四种情况中，总有一种情况不能满足规则。

我们假设两个盒子间有一条线路，可以传输电信号，这样爱丽丝选择的硬币就会影响鲍勃的盒子吐出的结果。如果爱丽丝投一枚 10 分币（盒子会吐出一只猫），这时鲍勃也投一枚 10 分币，他的盒子就会吐出一只猫。但如果爱丽丝投一枚 25 分币（盒子吐出一只狗），而鲍勃还是投入 10 分币，那鲍勃也会得到一只狗，这就与规则 3 相符了。

完全成功了！唯一的缺陷在于，两个盒子间的信息传递不是瞬时的，因为根据狭义相对论，信号沿电线传播的速度不可能超过光速。当然，光速是很快的，但即使光速很快，光从一个地方到另一个地方还是要花一段有限的时间。如果爱丽丝在爱丁堡，鲍勃在斐济，那鲍勃需要 0.1

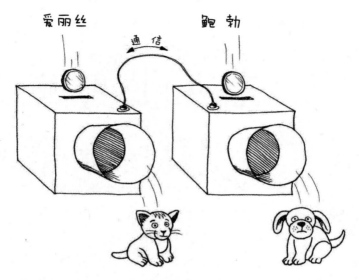

爱丽丝　　　　　　　鲍勃

通信

如果爱丽丝与鲍勃的盒子间通过一条电线相连，可以实现相互通信，那么一个盒子的输入就可以影响另一个盒子的输出。

秒多一点点的时间才能收到爱丽丝的信号，从而投下自己的硬币。相对论会阻止我们实现瞬时的"完全成功"。

　　但如果两个盒子受量子力学定律的主宰，彼此发生了量子纠缠，可以借量子非定域性而非电信号来"通信"，又会如何呢？这样一来，鲍勃的盒子就能瞬时"利用"爱丽丝对盒子所做的事的相关信息来切换输出结果了。我们可以计算量子通信*能在多大的程度上提高瞬时成功率，而

_____

*　我要不厌其烦地强调：纠缠中牵涉的量子非定域性并不是一种真正

　　　　　　　　　　量子力学，怪也不怪

结果表明，量子纠缠并不能保证实验每次都能成功，但把成功率从 75% 提高到了 85%——至少比经典情况要好了。

你可能已经发现，这正是对贝尔探索纠缠和隐变量的实验的一个粗糙类比。贝尔实验中用来测量相关联粒子的自旋的流程，正类似于爱丽丝和鲍勃通过观察（即测量）各自盒子可能产生的二选一结果（吐出猫还是狗）来判断两个盒子的关系的过程。贝尔想出了一组测量方法，遵循这组方法，两个物体间的关联度若要超过某个特定阈值，就是经典规则所不允许的，只有量子的纠缠规则才允许。同样，如果爱丽丝和鲍勃的两个盒子间存在非定域性的量子纠缠，上述问题的瞬时成功率也会超过只包含经典通信的情况，因为两个盒子的输出结果存在关联。

那么，爱丽丝和鲍勃的盒子之间存在量子联系，真就这么好吗？还是说，我们有可能想象出一系列瞬时信息共享办法，让爱丽丝和鲍勃每次都能满足规则呢？波佩斯库和罗尔利希证明，后者是可行的。我们可以让两个盒子以比量子力学情况下更高的程度进行非定域信息交换，同时仍然不违反相对论。这些超量子盒子被命名为"波佩斯库—

的跨空间通信手段，尽管有时（在谨慎的使用下）"通信"这种说法它我们在讨论中是一种有用的比喻。

罗尔利希（PR）盒"。

波佩斯库和罗尔利希的方法之所以能进一步提升实验表现，是因为这一方法共享信息的效率比量子力学更高。总的来说，通信的效率是很低的，因为通信双方需要交换很多最后结果中并不包含的信息。这似乎是经典信息的根本问题，经典信息只能是定域的，只能固定在一处。假设你和我要见个面，我们都很忙，但可以通过电话比对双方的日程信息。我们可以在电话中随机选一个日期，问"你6月6日那天有空吗"等等，但如果我们的日程都很满，这种方式就要耗点时间：要制订一份完整的会面日期表，我们必须交换自己在当年的每一天都是否有空的信息。

假设我们换一个看起来更简单的问题：我们都有空的天数是奇数还是偶数。这看起来好像是一个很奇怪的问题，因为它好像并不能直接解决我们的原始问题——找到我们都有空的一天见面。但看起来回答它更简单，因为答案只包含一个比特的信息——偶数用0表示，奇数用1表示。

但情况并没有改善，为了得到这个比特的值，我还是得列出这一年中我有空的所有天数，你也一样。为了得到这个单比特答案，我们必须把所有这些日期都发送出去。实际上，解决一切用经典方法记录（比如写在日程表上）的数据的比对问题，过程都与此等价，效率也都类似。

但如果能让彼此的日程表"量子纠缠"起来，我们无须交换这么多信息就能解决问题：非定域性可以省去一部分冗余的信息交换——但不能省去全部。

但拥有了 PR 盒，我们就能省去全部的冗余信息交换。只要我们将各自日程的全部细节信息都输入自己的 PR 盒，并让它们只交换一个比特的信息，问题就解决了。交换一比特的信息，得到一比特的答案，没有比这更公平的事了。

对于此种特定类型的信息处理而言，量子力学可以做到的事与超量子 PR 盒大为不同。只要让非定域性比量子力学稍微强一点点，你就来到了一个神奇的超量子国度，在这里，信息交换的效率可以达到可能达到的极限。

因此，PR 盒告诉我们的是，量子非定域性可以衡量不同系统间通信、共享信息的效率。而人们发现，在特定的规则下，量子力学可以实现一些经典情况下实现不了的信息交换和处理结果，但也有些事情是它做不到的（比如让爱丽丝和鲍勃 100% 成功）。

●

有了"超效率"，PR 盒甚至可以用来实现比量子计算机更快的计算。但它们真的存在吗？当然，世界看起来好像是量子力学的，而非超量子的；但毕竟之前很长一段时间里世界似乎都是经典性的，直到我们发现了量子非定域性。有没有可能 PR 盒这种更强的超量子非定域性就存在于真实世界中，量子非定域性只是它的近似呢？

我们不知道——虽然应该不太可能是这样。但即使超量子非定域性并不真实存在，PR 盒假说也能给我们一些线索，告诉我们为什么它们不存在。这个问题探索的不是大自然为什么不是完全经典的，而是它为什么没有"更量子"。我们要探寻答案，就不该再去问为什么物体由波函数描述（或者波函数到底是什么），而应该去看看信息调拨方面的更基本的问题：本质上，通信的效率究竟可以有多高。到底是什么限制*了量子非定域性的信息交换效率？

其中一个原因可能是所谓的"信息因果律"，由波兰格但斯克大学的马尔钦·帕夫洛夫斯基及其同事提出。这是表述鲍勃所能获知的爱丽丝那边的信息有何限制的另一种方式。我们假设爱丽丝拥有某项数据：测量一对互相纠缠的量子粒子的自旋的结果，或是盒子在她投入硬币时吐出哪种毛绒玩具，又或者是她日程表中的空闲日期。鲍勃也有自己的数据，而且因为爱丽丝发送了自己的一些数据

---

* 让爱丽丝和鲍勃进行量子盒子实验，成功率最高只有 85%，这一限制称为"齐雷尔森界"（Tsirelson's bound），以首先发现它的苏联科学家鲍里斯·齐雷尔森（Boris Tsirelson/Cirelson）命名。

给他，鲍勃可以通过某种方式看到两个数据集的纠缠。

由于两人的数据存在这些关联，鲍勃可以用他自己数据中的其余部分推出更多爱丽丝的数据，但他能多推出多少呢？信息因果律原理称，这依赖于爱丽丝发了多少信息给鲍勃：爱丽丝给鲍勃发了多少比特的数据（1比特指一个自旋向上还是向下、某次吐出的是猫还是狗、一天有空还是没空等信息），鲍勃能推导出的信息就不超过多少比特。

这并不意味着鲍勃只能知道爱丽丝告诉他的信息，而是鲍勃可以推出的爱丽丝没有发给他的数据，在量上不能多于爱丽丝已经发给他的数据。因此，如果爱丽丝没给鲍勃发送任何信息，鲍勃对爱丽丝那边的数据就只能随机猜测，哪怕在爱丽丝和鲍勃各自能看到的信息之间存在量子关联。这其实等价于说，爱丽丝那边发生的一切不能瞬时传递信息给鲍勃。

这种信息因果律有一种讨人喜欢的对称性：它听上去就好像是，你的所得不会超过你的付出。但如果有了PR盒，你的所得就可以超过付出——虽然你仍然不能利用这一情况来瞬时传递信息。因此，帕夫洛夫斯基及其同事认为，他们设定信息因果律，或许可以帮我们准确筛选出量子关联在信息传递方面允许我们做什么，又不允许我们做什么。他们提出，真能如此，那么"信息因果律或许就是大自然的基本属性之一",换句话说,是量子理论的一条公理。

•

这也让我们有理由越发坚信,量子力学本质上不是一个关于微观粒子和波的理论:它关乎的是信息及其因果影响。这一理论的核心是我们通过观察世界能推导出多少关于世界的信息,以及这一问题如何依赖于"这里"和"那里"之间紧密而又无形的连接。

我们还需澄清:PR 盒理论不是一个成熟的"替代性量子理论",而只是某种"玩具模型",用来模拟替代性量子理论的一些特征。因此,PR 盒也许能指引我们理解量子力学的深层原理,但也不一定。但不管它能否做到此点,PR 盒都把握住了一种精神:重构量子理论,与过去的整套思维模式划清界限(当然,必要时我们也可以擦去这条界限,回归旧模式),并代之以一套更简单的逻辑公理,这不但可行,而且有益。

那么,这套逻辑公理会是什么样的呢?

18

量子力学的基本定律，可能比我们想的简单

克里斯·富克斯在 2002 年写道，如果去任何一场关于量子力学基础原理的会议，"你都会觉得自己好像身处一座骚乱的圣城中。所有不同宗教的神职人员彼此之间都在打圣战"。而从那时到现在，情况没有多少改变。

富克斯说，问题在于，所有的"神职人员"都有同一个出发点：量子理论公理的标准教科书表述。就像宗教圣书一样，标准教科书的表述既模糊又晦涩。这些公理有好几种表达方式，但差不多都类似于如下几条：

1. 对于每个系统，都存在一个复希尔伯特空间 H。

2. 系统的态对应于施加在 H 上的投影算符。

3. 可观测对象以某种方式对应于厄米算符的本征投影算符。

4.孤立系统依照由薛定谔方程演化。

　　哪怕本书已近末尾，我也不期待读者面对这几条公理时能领会多少意思（不过有些术语在你们眼中可能更熟悉了一些）。这里面有些词我没有解释过含义，也不打算解释。我列出这几句话，目的正在于此：为什么我们非要使用这么难懂的术语不可？在这干巴巴的语言丛林之中，真实世界又存在于何处？

　　在过去，力学的世界比这简单多了，也易懂多了。在经典物理学里，几乎所有你需要的基本定律都包含在牛顿运动定律之中：

1. 在不受外力时，一切运动物体都保持匀速运动，而静止物体保持静止。
2. 如果物体受到一个力的作用，它就会加速运动，加速度大小正比于力的大小，方向与力的方向相同。
3. 每当一个物体对另一个物体施加一个力时，后一个物体会对前一个物体施加一个大小相等、方向相反的力。

　　你可能也无法完全理解这几句话的意思，但我赌你至少理解了大意。这些原理可以用日常语言来表述，你不会需要几年的专业学习才能理解其中一部分内容。它们与我们的日常经验相关，并且能通过日常经验来描述。

经典世界的牛顿力学定律明明可以用简明、平实的语言来表达，到了量子公理这里，表述就只能变成令人望而生畏的、抽象又繁难的数学，这合理吗？

还是说，这只是因为我们在谈论量子公理时，其实不怎么理解它们到底是什么？

如果有人把某件事解释得特别复杂，这通常表示他并没有真正理解这件事。科学中有一句格言：你只有能把你研究的课题讲得你奶奶都听得懂，才有资格说真正理解了它 *（可喜的是，如今很多人都意识到，奶奶和其他人一样，也可能是天文学家或者分子生物学家，她们可能也必须给你解释她们做的课题）。

在本书的一开始，我提到了约翰·惠勒提出的命题：我们如果真正了解了量子理论的核心点，就应该能用简单一句话把它表达出来。这只是一种信念：没人能保证世界最深处的运作机制会与一种大多是为了进行贸易、求爱和

---

* 这里我又要提到查德·费曼了。在为本科新生上基础物理课时，费曼努力为他们解释物理学中极为棘手的这门科目"量子力学"，最终得出的结论是，他没办法解释清楚。终其一生，费曼都认为自己解释不清是因为他对量子力学的了解不够深，而不是因为这门学科本身太难。

开玩笑而发展出来的语言相契合。但同样，你也会禁不住怀疑，我们目前被迫用来描述量子公理的这些高度技术化的复杂方式，并没有触及量子理论的真正本质。

富克斯也抱有和惠勒一样的信念，他相信我们总有一天可以讲出这样一个关于量子力学的故事，"字面意义上的故事，全用大白话来讲"，其"意象会非常令人信服，又有支配力，理所当然地能洗去所有的专业数学细节"，他说，这个故事不仅悦耳动听、令人信服，更能"打动灵魂"。

此番图景之于量子力学，就如爱因斯坦之于经典电磁理论。在爱因斯坦1905年的狭义相对论论文发表之前，所有物理学家都相信以太的存在，并假定这种没有形体、没有边际的物质是光传播所需的介质。为了描述移动的观察者所测量到的与光相关的现象，当时的科学家们把多个晦涩难解的方程组成了一团非常烦琐的集合，其中已经使用了一些对爱因斯坦至关重要的工具和概念，包括快速移动的物体会在移动方向上缩短的这一惊天想法。这一理论是有一定作用的，只是看起来十分丑陋，拼拼凑凑。

然后，爱因斯坦只用两条非常简单且符合直觉的原理，就完全驱散了这团数学迷雾：

1. 光速是常数。

2.物理学定律对两个相对运动的观察者来说要是一样的。

　　只靠这两点，爱因斯坦就发展出了整套狭义相对论。这个故事意味着，虽然你可以构想出一堆解释，特为说明为什么实验中观察不到光的以太介质，但更符合逻辑也更令人满意的结论是：原本就不存在以太这种东西。爱因斯坦的新阐发不仅让事情更容易理解，也非常令人振奋。

　　那对于量子力学，能把整个理论一下子梳理清楚的类似陈述又是什么呢？要找到它们，我们可能必须从头开始重建量子理论：把玻尔、海森堡和薛定谔的工作撕碎，重新出发。这一课题就是所谓的"量子重构"。

　　正在进行重构工作的是一群所属领域庞杂的物理学家、数学家和哲学家。对于怎么重构才是最好的，他们并没有一致意见，但总体来说，他们的立场很像一个老笑话：有人问怎么去都柏林，当地的爱尔兰人回答说"要去那里，我就不会从这里出发。"*

　　重构计划的内容一般是寻找某些基本的量子公理，最好总共只有几条而已，其原理在物理上要合理且有意义，

---

* 这个老笑话的大意是，在爱尔兰，一个城里人开车在乡下迷了路，问当地人如何回到都柏林。当地人解释了好久都没解释清楚怎么走，最后无奈地说："要去那里，是我的话就不会从这里出发。"——译注

让每个人都赞同。随后的难题就在于如何表明当前量子理论的常规结构与概念工具可以从这些原理中自然地推导出来，正如在 17 世纪早期，行星沿椭圆轨道运行一事被众人视为相当悖理、令人迷惑，但后来也被证明能从牛顿那简单而优雅的平方反比引力定律中自然推导出来一样。

为什么费尽心力从头构造量子力学，最终却还要回到起点？重构量子力学的探求，是由这样一种怀疑所驱动的：我们如今认为是量子理论的这套东西，其繁复性远超过了必要的程度，这就是为什么它充满了谜团、悖论和不同诠释之争。"尽管人们对于这些悖论和难题摆出一副百思不得其解的苦相，但从没有人认真地思考：为什么我们现在拥有的是这个理论？"富克斯说，"他们把这个任务当作修补一条漏水的船，而不是发现让船浮在水面上这么久的根本原理。我猜想我们如果能理解是什么让这个理论一直浮在水面上的，就会明白它起初并不是一条漏水的破船。"

或许到那时，我们会发现，波函数、叠加、纠缠态、不确定性原理等所有这些怪异性质所以必要，只是因为我们看待量子理论的角度错了，让它产生了形貌古怪、难以辨认的阴影。只要我们能找到正确的角度，一切都会明朗。

•

目前看来，经典力学与量子力学的关键区别，在于前者计算的是物体的运动轨迹，而后者计算的是概率（表达为波动方程）。量概率特征本身并不是量子力学如此独特的原因：掷硬币也涉及概率，但解释它无需量子力学。量子理论真正让人如此迷惑的是，有时候我们观察到的现象似乎让我们只得说出，量子硬币好像正面和反面同时朝上。

首批重构量子力学的尝试之一，就是寻求将其构架为一种概率理论。2001年，卢西恩·哈迪提出了一些概率规则，尝试把系统的态的特征性变量——可以是位置、动量、能量、自旋等——与我们能够测量出这些变量的值的方法联系起来。这些规则结合起来，就相当于一种算法，能基于一些关于系统会如何携带信息以及这些信息会如何组合并相互转化的假设，算出不同实验结果出现的概率。

哈迪的规则及其背后的意涵，只是标准概率论的一种推广和修正。原则上，在促使普朗克和爱因斯坦创立量子力学的任何一丝经验性触动出现之前，19世纪的数学家本也可以在抽象观念的意义上推导出这一模型。这一理论中没有任何手动添加的"量子性"：我们拥有的只是一组假说性规则，把系统可能的态与可能的观测结果联系在了一起。这些规则的一种组合会导向经典行为，另一种组合则会为两个物体间的联系赋予更丰富的可能性。

哈迪证明，如果我们只采用更丰富的情况中最简单的一种，这些规则设定就能自然地产生量子力学的基本特征，如叠加和纠缠。这就是说，如果实验结果遵循这些特定的概率规则，它们看起来就会跟量子叠加态的情况一样，就好像量子行为来自某种特定类型的概率。

这种方法把量子力学重新表述为一种抽象的"广义概率论"，将输入（系统可能的态）和输出（对特定属性的测量结果）联系了起来。自此以后，哈迪及其他人，包括朱利奥·基里贝拉、恰斯拉夫·布鲁克纳、马库斯·缪勒及他们的合作者，进一步发展了这类方法。他们的工作都表明，有很多套类似的公理都可以产生典型的量子行为。

•

马里兰大学的杰弗里·布勃也采用了一种类似的策略——至少可以说是一种简化版——来建立量子理论：只从几条关于信息如何编码在一个系统中，并通过观察从中读取出来的设定出发。布勃说："量子力学本质上是一个关于如何呈现和操控信息的理论，而不是一个关于非经典的波或者粒子的力学理论。"如你所愿，这句陈述清楚地解释了为什么说早期量子理论被错误的东西引入了歧途。*

---

* 不是所有人都同意这一看法，毕竟在量子力学中还没有哪个观点能

布勃说，你当然可以用波函数和量子化的态来构建量子力学，并围绕这些元素编织各种各样的诠释——博姆的诠释、玻尔的诠释、埃弗里特的诠释。但这些诠释都只是把同样的经验事实翻过来掉过去地排列组合而已。我们不应该尝试用某种底层原理来"解释"实验结果，而应该认为实验结果定义了原理。这就是爱因斯坦在发展狭义相对论时所做的事。19世纪80年代，两位美国科学家通过实验发现，光速似乎对于所有观察者来说都是恒定的，无论观察者移动的速度有多快。爱因斯坦并没有尝试解释这一现象，而是接受了光速的恒定，将它作为一条公理，并据此得出了狭义相对论的各种结论。*

这种方法被物理学家们称为"不可行（no-go）原理"，即一条直接禁止某件事发生的陈述。在狭义相对论中，真空中的光速禁止改变，这就是狭义相对论的不可行原理。

这一视角的改变完全掉转了理论与实验间的常规关

让所有人都一致同意。约翰·贝尔认为"信息"是一个"不好的词"，他写道："不管在实际应用中它有多正当且必要，它在（量子理论的）数学表述中都没有一席之地，连表面上的物理精确性都不具备。"他的"坏词"列表里还有"系统""工具""环境""可观测量"，以及最糟糕的"测量"。

* 不过，我们还不清楚爱因斯坦1905年提出狭义相对论是不是受了这些关于光速的早期观察的驱使，甚至他可能根本就不知道这项实验。他有别的理由设想光速或许是常数，不受相对运动的影响。

系。通常，我们会做一项测量，然后思考已有理论能怎样解释测量结果。但有时候，比如在相对论乃至早期量子力学的情况下，我们只能反过来说："结果就是这样：这么做就是行不通。那如果我们假设对整个宇宙而言这样的事就是不允许发生，会得到什么？"而通常接下来发生的就是，我们必须完全抛弃旧的思想，建立新的理论。

那量子力学的不可行原理是什么呢？布勃认为，它们应该关乎我们对于信息可以做什么，即可以如何编码、移动和重排信息。

这个问题归根结底与量子力学采用的逻辑有关。如果描述一个系统，可以用这样一种代数，即其方程中的各项是对易的——粗略讲，就是你得到的结果不依赖于计算顺序——那么该系统就会表现出经典行为。但如果方程所用的代数是不对易的，也即结果依赖于计算顺序，那么描述这个系统的理论就会属于量子型理论。

前文解释过，不确定性原理正是来自非对易性，即量子力学中的某些量是不对易的。布勃认为，正是非对易性将量子力学与经典力学区分了开来。他说，这一属性体现了我们宇宙中的信息的根本结构方式。

不过，光有非对易性还不足以构成我们所知的量子力学。它还可能带来一些"类量子"的非定域行为，但要通

　　　　　　　　　　　　量子力学，怪也不怪

过一整套的类量子理论来实现。布勃，还有罗布·克利夫顿和汉斯·霍尔沃森都提出，如果我们能创造一种非对易的代数，其中只包含三条原理，而这三条原理都关乎我们对于信息可以做什么（实际上是不可以做什么，毕竟它们是不可行原理），我们就比较接近量子理论了。它们都存在于已有的量子理论中，并有实验的支持。我们在前文已经遇到过这几条原理（中的一部分），但当时感觉像是："那你看，量子力学不允许 X 发生！"。但如今我们需要把它们当成公理，而非量子力学的发现或结果。于是我们现在就可以问：如果 X 确实不可发生，会怎么样？

克利夫顿、布勃和霍尔沃森提出的三条不可行原理是：

1. 你不可能通过测量两个物体中的一个来在两个物体之间超光速地传递信息（这一条件来自狭义相对论，称为"不可发信"[no-signalling] 原理）。
2. 你不可能完整地推导出或者拷贝一个未知量子态的全部信息（这条原理与不可克隆原理类似）。
3. 不存在无条件安全的比特承诺。

不好意思，我事先没铺垫，就突然搞出了这么个第三条。这一条理解起来有点儿复杂，但它是出于与量子通信和加密编码有关的考虑（其措辞就暗示了这一点）。"比特承诺"的意思很简单，就是在信息交换的过程中，一个观察者（爱丽丝）给另一个观察者（鲍勃）发送了一个经过加密编码的比特。如果对于鲍勃的任何诡计而言，比特承诺都是安全的，这就意味着鲍勃只能在爱丽丝进一步提供关于加密的某些信息，即密钥之后，才能解码这个比特的信息。而为了保障这次信息交换的安全，杜绝爱丽丝任何形式的作弊行为，我们必须让她在发送信息之后，直到鲍勃读取信息之前，都绝无可能改变这个比特的值。当然，要防止爱丽丝与鲍勃之间的一切不诚实行为是不可能的，比如爱丽丝可以给鲍勃发送一个假的密钥。但我们至少可以追求所谓的"无条件安全"比特承诺，它意味着只要爱丽丝和鲍勃是诚实的，对比特的编码就一定会包含它应有的值，而密钥可以最大程度地掩盖被加密的信息，无论窃听者可以调配多么强大的技术资源。

蒙特利尔大学的多米尼克·迈耶斯在 1997 年证明，量子密码学不可能实现这种无条件安全的比特承诺。这并不会损害量子密码学的价值，它对于各种实际目的而言仍然是安全的，但也暴露出了理论可能性上的一些局限。

密码的事情越讲越神秘了。为什么我们要这么迫切地研究如何以绝对的安全性来发送信息呢？我们在前文已经

　　　　　　　　量子力学，怪也不怪

看到，诸如量子计算和量子密码学这样的量子信息技术的存在，其实揭示了量子力学的深层特征。并不是说量子力学的这些特征应用在了信息处理上（虽然这也是实情），而是如布勃所说，量子力学越来越成为一门关于信息的学科。我们在发送加密数据时所采用的协议，其实表达了量子世界中什么可知、什么不可知的原则。无条件安全的比特承诺在量子力学中不可能存在，实际上是说在纠缠粒子相互远离时，纠缠态不会自行衰减，即表明了不管两个粒子相距多远，二者的某项属性之间的关联都依然存在。

克利夫顿、布勃和霍尔沃森表明，如果我们对量子信息施加这三条基本设定，就可以从量子理论的核心中推导出很多行为，如叠加、纠缠、不确定性和非定域性。我们不会得到完整的理论，但会得到它的精华。而反过来，这三条原理也都与量子力学是一种非对易代数有关。

这一工作与前文讲过的PR盒模型有相同的精神，它们都是通过一些关于不同物体间的信息如何被共享（或关联）的规则，来生成类量子（及超量子）的非定域行为。布勃还猜测，信息因果律这一概念——前文有人认为它是一条公理，正是它的存在限制了我们在量子力学中观测到的信息的共享程度——或许也是类量子理论的非对易性根源。前文提到，信息因果律限制了我们基于已知测量结果，就一个量子系统可以推出和不可能推出的信息间的关系。

●

这些想法都还处于初步的猜想阶段。但它们暗示，科学家最近已经开始意识到，量子力学之所以有这些特征，是因为有些特定的事情，我们对信息是不能做的。

为什么不能做？这就好像是在问，为什么物理学定律呈现为现有的形式，而非其他形式？这样的问题是有效的，但无法通过诉诸这些定律本身来回答。如果我们的努力目标是理解量子力学，这就相当于我们要找出到底是哪些根本原理带给了它这么多反直觉的属性。布勃及其同事并不是说他们提出的三条关于信息的不可行原理就是这里要找的根本原理——毕竟你不可能从这三条规则出发推导出关于量子力学的一切。但他们认为，重构出来的量子力学应当类似于：存在一组规则，支配着信息的呈现和操控方式。你要是愿意，也可以把这套规则从波粒二象性、波函数、纠缠和"测量问题"等的角度重新表述一番，但这么做并不会给量子理论增加任何新的内容，它所能预测或说解释的大自然现象还是那么多。你有一套解决问题时很好用的数学微积分工具，这很好，但你最好不要往这套工具上附加太多的"意义"。

　　　　　量子力学，怪也不怪

不过，我们仍然可以猜测，在这些对信息属性的限制中，有一些可能来自何处。恰斯拉夫·布鲁克纳和安东·蔡林格提出了一个观点，可以作为简单的量子力学统一性原则的备选：一个系统的每个基本组分*只能编码一比特的信息——它要么这样，要么那样，没有别的选择。毕竟，基本组分要是比这更复杂，那还算"基本"吗？于是，量子力学就诞生于某种不匹配，即物质基本单元实际的信息携带能力，与我们认为它们应有的信息编码能力间的不匹配。如果所有的信息携带潜力都被用来回答特定的问题了，那么我们无论还要测量什么别的方面，都只能得到随机的结果。如果一个粒子的信息内容都被用来维持与另一个粒子的某项属性的关联，那么其余属性只能是随机的——我们只能勉强接受概率，接受只在统计意义上为真的陈述。

每个基本组分只能携带一比特信息，这个想法不一定对，但却让我们得以思考一件事，而这件事，应该说量子力学已经向我们表达得很清楚了：我们不可能什么都知道。关于一个量子系统，我们可能知道的最大信息，永远不是

———————

* 这里所谓的"基本组分"并不是指每个质子、夸克或电子这样的"基本粒子"。基本粒子显然比基本组分更复杂，包含了不止一个比特的信息。在布鲁克纳和蔡林格的描述中，组成这些已知粒子的，是一些以某种（目前未知的）形式描述的更原始的单元。

确定了这个系统的全部行为的全部信息。剩下的信息也不仅仅是未知的，而是没有被确定。我们大约不应该说剩下的属性没有固定的取值，而要说它们在未获测量时都还不算是"属性"。而我们在观察之前，也没有哪种绝对性的方法可以确定系统的哪些属性拥有可预测、可测量的取值，哪些属性没有。*它依赖于我们如何提出问题，或者说我们如何做这个实验。它有背景依赖性。

●

就算能为量子力学讲出一个"简单的故事"，我们也避不开那个最大的问题：量子理论究竟在何种程度上表达了"现实的本质"（如果它确实做到了的话）？量子力学描述的东西是真实存在的（即如前文所说，它是本体论），还是说它描述的只是关于这个世界我们可以知道什么（它是认识论）？

隐变量模型和德布罗意—博姆诠释这样的本体论，认为量子物体拥有客观的属性，即波函数是"实"体，一一对应于属性，而各属性的存在不取决于自身是否被测量。

---

* 这项讨论伴随着一个哲学问题，我在这里暂且提一下：如果我们发现一个问题不会有有意义的答案，或者说答案不会确定下来，那我们还能有充分理由认为这是一个有意义的问题吗？

另一方面，哥本哈根诠释属于认识论，它坚持认为，在我们的测量之下寻找某种"实在的层次"是没有物理意义的。

上帝掷骰子的图景只出现在认识论中。从本体论的角度看，测量结果呈现出随机概率性，只是因为我们还没有（或不可能）了解所有事实。或者说，或许量子力学属于另一种特殊的理论，其源头并非某种非常模糊的"关于世界的信息"的概念，而是对世界的体验（不过这种可能性没有得到很多人的承认）。无疑，关于"现实的本质"这个概念有多么微妙和难以捉摸，哲学家肯定可以给物理学家好好上一课。

•

有些量子力学重构者猜测，对量子世界的正确描述最终会是本体论而非认识论：它将再次把人类观察者从场景中抹去，还我们一个客观的实在观。但也有人不同意这种看法，他们依然坚信玻尔的观点，认为量子力学告诉我们的并非是世界本身，而是关于世界我们可以知道什么。

那怎么才能判断哪一方是对的？讨论了这么多模型和理论，难道我们就只能回到同样的观察结果面前吗？量子重构的结果或有可能预言新的可观测效应，因此可以通过特定的实验来检验。但哈迪认为，检验一种重构是否成功，真正的标准必须在理论层面。我们能更好地理解量子力学吗？遵循某个特定模型的各条公理，能为我们超越目前的物理学提供新观点，比如发展出深奥的量子引力理论吗？

哪怕没有哪种量子重构理论最终找到了一组有效且被普遍接受的原理，相关努力也并非徒劳：至少它开阔了我们的视野。重构的过程让我们意识到，关于信息如何基于概率性事件而非确定性事件被分发和获取，有无数种数学上的可能性，而我们的宇宙只是其中一个。我们面临的挑战就在于，如何找到特定的原理，把量子力学从其他选项中区分出来。

如果我们可以找到这些原理，量子力学看起来可能就没这么神秘了。我们可能会希望许多未解之谜与其说会获得答案，不如说会径自消失。

那问题就在于：到那时候，我们还剩什么？

量子力学，怪也不怪

19

我们有可能得到最终答案吗？

现在你就能看到问题的所在了。西班牙物理学家阿丹·卡韦略曾通过一个假想的场景巧妙地反映了这个问题：

受最近一些新闻的激发，一名记者询问一群物理学家："实验结果违反贝尔不等式是什么意思？"一位物理学家回答："它意味着非定域性得到了证明。"另一位物理学家说："不存在非定域性这种东西，这句话的意思是说测量结果是随机的，而且这种随机不可还原。"第三位物理学家则说："要回答这个问题，只基于纯粹的物理学是不行的，而是需要某种形而上学判断。"记者被这种种回答搞糊涂了，但仍然继续问关于量子理论的问题："在量子隐形传态中，传送的到底是什么？""量子计算机究竟是怎么工作的？"令他震惊的是，对于每个问题，不同物理学家给出的回答都不一样，而且在很多情况下，不同的回答还彼此互斥。到最后，记者问了这样一个问题："如果在量子理论建立90年后，你们还不知道它意味着什么，那你们要如何继续取得进展呢？如果在'量子理论讲的到底是什么'这个问题上你们都无法取得一致，那你们要如何为量子理论找出其物理原理，或者把它扩展到引力领域呢？"

有时候，我对这位记者感同身受，并倾向于同意他的观点。不过，我并不认为量子力学基础领域的这一状况令人挫败，也不认为该领域毫无前景。相反，对这些问题的探求激动人心，进展也大有希望——只要我们抛弃记者们在研究者的怂恿下长年累月问出的这些陈词滥调的问题。

约翰·惠勒的梦想是我们最终找到量子力学的深层定律，并能以人人能懂的语言表达出来，这个梦想的实现并非不可能。但如果最终做不到这一点，或许并不是因为我们无法找出这些定律本身是什么。真相可能更为有趣，也更令人不安。

人们说量子力学很"怪"，或者说没人真正理解量子力学时，好像营造出了一个这样的形象：一个古怪的人，他的行为和动机都无法用常理来解释。但这种类比未免流

　　　　　　　　量子力学，怪也不怪

于表面了。量子力学违反的与其说是我们的理解甚至直觉，不如说是我们的逻辑感觉本身。当然，我们很难用直觉来搞明白一个物体同时沿两条路径运动，或者其属性有一部分位于该物体之外的另一个地方，等等，都是什么意思。但这些描述只是尝试用日常语言来表达一种超越语言描述能力的事态而已。我们的语言是用来反映我们所熟悉的逻辑的，但这套逻辑在量子力学身上并不适用。

我相信，我们有能力，并且最终将会为量子力学找到更好的基本公理，而且我相信这些公理会关乎世界上的信息如何存在，以及如何被发现。但这些公理若以常规方式理解，很可能没有"意义"。为了掌握完整的图景，我们需要接受看似相互矛盾的事物。这就是玻尔提出互补性的用意所在，虽然"互补性"这一说法过于模糊而有误导性，无法表达全部的真相。量子力学违反了我们关于事情是否有可能发生的感觉，这种情况恐怕会一直存在，哪怕未来我们发现了某种更深层的理论，而量子力学只是对它的一种近似而已。

我们也可以这么问：基于逻辑建立的事实，和基于实验观察建立的事实，两者相比，哪个更为基本？量子力学的所有看似奇怪之处，都来自这两个选项之间的矛盾。

亚基尔·阿哈罗诺夫、桑杜·波佩斯库及其同事曾通过一个思想实验突出说明了这一点，这一思想实验违反了他们所谓的"鸽笼原理"：如果你把三只（完好的）鸽子放进两个鸽笼，那么一定至少有两只鸽子在同一鸽笼里。阿哈罗诺夫等人称，这一原理把握到了"计数的本质"。但对于量子粒子，它却不一定成立。阿哈罗诺夫和同事考虑的是把三个电子以平行的轨迹射入一个类似于双缝实验的分束设备。这一情景让我们回想起了恩斯特·施佩克尔的亚述预言家的三个盒子的故事，而对这一思想实验的结果的推理也同亚述预言家的故事有些类似（在推理对这种悖论式的场景还有意义的层面上）：你问哪个盒子包含两个粒子，与问两个粒子是不是在同一个盒子里，得到的结果可能在逻辑上互不相容。脱离询问事实的背景，就不存在"事实本身"。

•

量子力学最难理解的部分，是它让事实变得不稳定了。如果事实都变得不确定、相对化，那我们还怎么研究科学？

"事实"的英语词"fact"原本是一个法律术语，来自拉丁语，表示某种行动："一件事被实现了"，而不是某种预先存在的真理。在量子力学中，这种区分可能也相当重要：玻尔在把事实与实验结合在一起时，想的可能就是这个。如果我观察到某件事发生了，并且能证明我的观察本身是可靠的，那这件事肯定就可以说是个事实了吧？而如果它是事实，那么根据定义，它就一定是真的，对吧？ *

　　但在双缝实验中，所谓的"事实"是什么呢？粒子到底只走了一条路径，还是同时走了两条？我们如果不测量粒子的路径，似乎就只能根据观察结果（即干涉条纹），认为事实是粒子同时走了两条路径。这是符合逻辑的推论。而如果测量路径，我们会发现粒子只走了两条路径中的一条（干涉也不复存在）。但玻尔坚持认为这里没有问题：因为我们做的其实是两个不同的实验，所以没有理由期待得到同样的结果。在这种观点下，"双缝实验的事实是什么"就是一个不完整的问题。

　　罗兰·翁内斯在玻尔的立场下更进一步，提出，"事实"和"真理"的概念只能应用于宏观尺度，因为只有在宏观尺度下，我们才能真正地观察到东西。我们视为常识的逻

---

*　这也是量子力学的多世界诠释与其他一切科学理论在根本上的不同，因为它否定了这条陈述。多世界诠释的支持者会说，"我"观察到的结果只是关乎事件的多个"事实"中的一个，但既然其他那些"事实"可能与我观察到的事实直接矛盾，所以说哪个"事实"是真的都没有意义。我们甚至根本就不能说"我"观察到了什么东西。多世界诠释否定了语言的意义，但也借此摆脱了语言的不足，因为语言这家伙特别擅长表达看似有意义、实则无意义的东西。

辑以及关于真理的标准，（通常）只在日常尺度下才会演生出来；别的尺度下则有各种大不相同的规则，而这些规则的结果，我们现在也可以在很大的程度上用来理解并解释量子现象了。不仅是观测，甚至事实和我们熟悉的逻辑原则，都变得可以用程度来衡量了——而只有在经典尺度下，它们才能被完全明确地定义。

翁内斯说，让这些"事实"如此重要的，是它们的独一无二性。如果关于某种情况存在一个事实，就不可能另有一个事实与之矛盾。

但量子力学不能告诉我们这些独一无二的事实会是什么，只能告诉我们这些事实会与它预测的"统计概率"相一致。即，如果量子理论告诉我们一个事件有两个可能的结果，概率各为50%，那么在特定情况下，关于其结果的事实会逐渐累积到（大约）50%对50%的比例；而如果量子理论预测一个结果出现的概率为零，那我们永远不能观测到它成为事实。*

我们真的愿意像玻尔要求的那样，接受这种程度的观

---

* 量子贝叶斯诠释的支持者可能会不同意这一说法，他们会认为，量子理论预测某个结果出现的概率为零，只意味着我们没有理由期望观测到它。在量子贝叶斯诠释中，量子概率并不限制世界表现出什么样子，但它讨论的只是观测者对观测结果的期望。

测，即事实是由某种未知机制决定的统计分布导出的吗？我们必须接受哥本哈根诠释，不去讨论"底层实在"（虽然不一定否认其存在）吗？

请注意，"实在"一词已经被大大滥用了。在日常使用中，这个词本质上是一个宏观概念：我们只能透过自己的体验来看待它。这个意义上，我们完全没有理由认为我们体验到的这个实在是一路刨根问底之后的最终实在。

然而，几乎一切科学工作都假设我们对实在的感知关联着一种确实存在的、完全不依赖于感知的底层物理基质，而这些科学工作都运转良好。我们触摸、品尝、嗅闻到的一切物质属性，都可以通过原子和分子的概念来解释，而原子和分子又可以通过质子、中子等在量子规则下的相互作用来进一步解释。渐渐地，我们已经学会了去期待，随着测量越发精密，我们继续运用逻辑推理就依然能够解释我们的经验。

而量子力学则表明了上述方法的局限：在量子力学的领域，我们常规的、直觉性的逻辑注定要失败。这个"量子力学的领域"甚至不一定局限在微观尺度，而是包括一切在其中量子规则不产生某种经典近似的范围。翁内斯说，在这片领域，我们不再能讨论"实在"。对他而言，处于实在中的事实必须具有独一无二性，也就是说，实在之中存在"事件"。而超出实在的东西，也就超出了我们的推理所能企及的范围。我们无法跨越这一鸿沟，至少只借助量子理论做不到。正如贝托尔德-格奥尔格·恩勒特所说，量子理论无法帮我们解决"为什么事件会存在"这样的问题。它唯一能做的只是（出乎意料地）告诉我们，这个问题是有效的，但就是令人不解。

翁内斯说，我们不必认为承认这一点就代表着我们失败了。量子力学的胜利正在于它让我们必须把一切"物理实在／现实"观念，即"科学探索让我们触及并了解了物理实在"这样的假设，抛诸身后。其实，在科学史上，这一假设比我们有时认为的更为脆弱：在伽利略之前，哥白尼理论就被认为只是一种表述方式，而不是在描述物理现实，借此令其与基督教教义维持微妙的共存，直到伽利略逼迫大家做出选择。但量子力学却表明，科学自身最终瓦解了实在论：如玻尔所说，该理论要求我们"从根本上改变对物理现实问题的态度"。翁内斯说，这是因为量子力学本身不能把我们引向常规的"事实"观念，至少在不引入某些额外假设的情况下不能。他问道：我们到达了认识实在的极限，难道不该为此庆祝，而非悲叹吗？

或许翁内斯说得对。但令人不解的是，我们的方程在超出实在的这个领域依然有效，甚至极为成功，但我们却不能推导（或表达）出它们的意思。也难怪有些科学家要认为数学本身才是终极实在，那是一种超然的结构，万物皆从中涌现。但当物理学家（尤其埃弗里特主义者）劝告我们不要执着于太过依赖人类尺度的语言时，我们也有权反对。在讨论宇宙中的任何事物时，语言是我们唯一能用来建构并传达意义的载体，数字间的关系永远无法替代它。科学不能仅仅包含数字。

●

如果直觉上容易理解的逻辑不再成立，而数学又过于抽象，起不到替代作用，那我们还能指望如何把握量子力学"告诉我们"的信息呢？关于这一点，约翰·贝尔说过一段顽皮的话：

> 哪怕不是为了任何实际目的，能知道哪件事因哪件事而起，不也很好吗？比方说，假设量子力学非常难以精确表述，假设我们也不是为了"任何实际目的"去尝试表述它，结果发现它坚定不移地指向该领域之外的某个东西——指向观察者的心灵、印度教的经文、上帝，甚或只是引力——那岂不是非常、非常地有趣？

假设我们也不是为了"任何实际目的"去尝试表述它，结果发现它坚定不移地指向该领域之外的某个东西——指向观察者的心灵、印度教的经文、上帝，甚或只是引力——那岂不是非常、非常地有趣？

　　那确实会非常、非常地有趣。但要说我们必须从经文中汲取资源，这应该不太可能。我们需要更多的办法，但这些可能无外乎就是更好的语言。目前为止还没有人能说，在量子理论艰深的专业内核之外，是否存在某种简单的陈述，能干脆、清楚地表达出这个理论的机制到底是什么。

　　我们目前有的，不过只是一些提示和猜测。在这个阶段，尝试把它们细化是很有风险的，可能必需某种近乎诗句的描述，（我怕）有些物理学家看到是这种风格，就会不耐烦地草草对待了。以克里斯·富克斯的措辞为例：

　　　　　　　　　　量子力学，怪也不怪

世界对我们的触碰很敏感。它能以我们用经典思维想象不到的方式"咻"地一下起飞。量子力学的整个结构，或许不过就是根据这种根本的（绝妙的）敏感性，对信息做出推理和处理的最佳方法。

富克斯这段话的意思，不是说干扰世界的是人类观察者，像海森堡误解的那样，认为量子不确定性是高倍显微镜造成的扰动。而是，微观世界对任何种类的相互作用都敏感，简直可以说是神经紧绷。而如果它天生如此，我们的主动干预就很重要了。为了尽力汇编并量化关于这样一个世界的信息，我们人类必须理解量子力学——这一介于亚原子与星系尺度之间的理论——的机制。它会包括我们已经掌握的在这样一个尺度下航行的所有信息。

说我们的存在会影响我们观察到的事物，这一想法其实比"量子力学让世界依赖于观察者"这种陈词滥调意味更深。一方面，若是执着于观察者，我们就会遇到"我们没在观察的时候系统又会发生什么"的问题：爱因斯坦的月亮、薛定谔的猫，以及分裂成不同宇宙的叠加态，又会回到我们的视野中。或许我们不应该说量子力学让我们得以一瞥宇宙的样貌，而这番样貌会依赖于我们干预与否；我们应该说，量子力学或许正是我们在这样一个大自然中处理干预所需要的理论。

△ △ △ △ △ △ △ △ △ △ △

　　这就是量子贝叶斯诠释的真正内容，也是为什么我们不该将其看作一种唯我论，错认为它是在说"量子力学只关乎我们自身"，甚至"现实是一种幻象"。量子贝叶斯诠释其实是惠勒所说的"参与性宇宙"的一种表达，在这种宇宙中，我们在我们所经历的现实中扮演了一个角色，但并不宣称这样的现实就是宇宙中的全部。

　　这在本质上是一种实在论，至少它容许事情在没有我们的情况下也会发生：世界的碎片拼到一起，事实从中诞生。我们（目前？）还不能说清楚这究竟是如何发生的，更不用提它为何会发生了。有人可能会认为这种局限性是量子世界的"内禀随机性"，但富克斯更倾向于认为这是一种真正的自治："世界的创造性，或者新颖性"。惠勒用一句意义隐微（但并不神秘）的"无法则的法则"来描述这种状态。在这种观点下，只有我们干预世界的情况（和原因）下，自然法则/定律才会出现在宇宙中。这些定律就是我们发现在量子世界中行之有效的概率法则，而在均值主宰的尺度上，它们又会变成决定性的定律。

　　惠勒发明了一个绝妙的比喻，用以阐明这种"参与实在论"，即展示关于"现实"的答案如何从我们以完全自洽、基于规则、非随机的方式提出的问题中演生出来，同时又不需要事先存在某种"真相"。你或许知道"二十问"这个猜词游戏：一名参与者离开房间，其他人则商定出一个词、一个人或一个物体。然后离开的人回来，通过问问题来猜其他人商定的是什么，而问题的答案只能是"是"或"否"。（现在你意识到这是个量子游戏了！）

想象你就是提问者。你开始提问，并得到回答，但你发现提过几个问题之后，回答来得越来越慢了，真好奇怪。但你还是感觉自己就快找到那个词了，并最终自信地说出了答案："一朵云！"其他人都开怀大笑,告诉你,你猜对了。

然而，他们接着告诉了你事情的真相。在你离开房间时，他们根本没有定下任何一个具体的词，而只是约定，每个人都要保证自己给出的回答要与前面的所有回答相一致，即所有的回答都要符合"某个"对象。因此，随着你问的问题越来越多，可选项也越来越受限，回答的人也需要越来越长的时间想出还有哪些词能成为答案。而所有人都必须根据你问的到底是哪些问题，最终会聚到同一个词上。要是你问了不同的问题，最后得到的那个词也将不同：答案依赖于背景。因此，永远不存在一个事先规定好的答案：答案是你的提问创造的，而且会与你的问题完全融贯一致。不仅如此，"答案"这个概念也只有你在玩这个游戏时才有意义——如果你不问相关的问题，问"选择的词是什么"是没意义的;在你提问之前,只有词语,没有答案。

●

这种参与性的世界要如何诞生呢?借助"信息"! 或者用惠勒的话来说:"它来自比特。"

"好好好,你说的都对。那这又是关于什么的信息呢?信息背后的事物和结构是什么?"

这一问题可能根本就不属于量子力学的范畴了。我不是说这类信息背后不存在事物,我只是不确信有时候人们说的"世界就是信息"这句话的实际意义是什么。或许我们只能说,对于量子力学诠释而言,这类信息"背后的事物是什么"无关紧要(虽然在更广的范围内看,这对物理学非常重要)。我们不妨就把它们当成粒子。关键是关于此类事物的信息对我们尝试找出它的行为会作何反应,因为最终,我们在科学研究中所能做的,也只是"尝试发现"。

我相信,我在本书讨论的多数甚至全部思想,都多多少少以某种方式会聚到了同一个问题上:关于信息,我们能做什么,不能做什么? 在前文中,我们已经看到,我们观察量子系统如何表现,并从这之中(而非基于经典世界中任何预先规定的逻辑或直觉)推得一些答案,再基于这些答案提几条假设,就能得到至少类似于量子力学现象的行为类型。

我觉得或许不应该用"量子信息"一词——因为"信息"这个词好像意味着某种客观存在的东西，我们只需去获得它就行了——而应该用"量子知识"。量子力学是一个关于什么可知、什么不可知，以及已知信息彼此之间有何联系的理论，但我们迄今还说不出已知信息来自何处，或许永远也无法说出。

这里还有一个重要的问题：我们（因观察而）确实已知的信息，具有何种客观状态？它是所有人都可以获得的吗？还是说，它是主观的，只限于带着探求心的特定观察者，在特定的时间地点以特定的方式观察它的时候？我能知道你知道的信息吗？我知道的信息一定与你知道的信息相容吗？我们都不知道。但我们感到有把握的是，未来，这将是人们致力于理解量子力学意义时的重大问题。

或许你也看到了这里的问题，一个所有讨论"量子力学是关于信息的科学"的人都要努力对付的问题。我们习惯于去想在某种意义上包含着信息的物体：书、计算机内存、电话答录机留下的语音信息；我们也习惯于认为我们可以拥有信息：比如说，我可以知道你的邮件地址。这两种思路似乎有所不同：前者是可能的知识，后者是实际的知识，依个人能力，后者会从前者中遴选出来。但量子力学似乎在两者间建立了一种双向关系：我们拥有的知识会影响潜在可知的事物（虽然不知是只会影响我们自己可知的事物，还是也影响别人可知的事物）。这当然很令人困惑，但若要探寻这一绝妙理论的含义，我们正该拥抱这一困惑。

我倾向于从"实然"（Isness）理论和"或然"（Ifness）理论间的差异，来看待这种信息学视角。量子力学并不会告诉我们一个东西是什么样的，只会（用可计算的概率来）告诉我们它可能是什么，以及关键的是，所有这些"可能"之间有何逻辑关系：如果"这样"，则"那样"。

这意味着，我们要尽当下所能地真正描述量子力学的特征，就需要把所有常规的实然说法换成或然说法，比如，不是"这里有个粒子，那里有道波"，而是"如果我们这样测量，这个量子物体会表现得与我们认为是粒子的物体相一致；但如果我们那样测量，它会表现得像波一样"。不是"这个粒子同时处于两个态"，而是"如果我们测量它，会发现它处于这个态的概率为 X，处于那个态的概率为 Y"。

这套或然性的语言十分烦琐，因为这与我们一直以来处理科学的方式相悖。我们习惯于让科学告诉我们物体是什么样的；如果概率的或然性冒出来，那只是因为我们还欠缺一部分知识。但在量子力学中，或然性乃是根本。

那在量子力学或然性的背后，还存在某种实然性吗？

　　　　　　　量子力学，怪也不怪

这是有可能的。而且只要承认这一点，就让我们比哥本哈根诠释的简单化观点更进了一步，后者宣称我们在观察之外，说不出有意义的东西。但即使存在某种实然性，它也不会像日常生活中的实然性，即物体拥有不依赖背景的内禀、定域属性——它不会是"常识性"的实然性。

我们仍在努力做的，是确定量子力学的或然性是否具有实在性，以及具有多大程度的实在性。但或许我们也不应太过纠结于此，毕竟，以非实然的方式思考这个问题就已经很困难了，而我们目前为止还完全没有任何理由（除了我们很容易出错的直觉以外）假设宇宙最终一定是实然的，而非或然的。不仅如此，要想回到我们所习惯的经典实然世界，也不一定非得以这种方式，因为对于经典的实然世界如何从量子的或然世界中演生出来，今天我们已经有了很好的理解。如今最直接也最紧迫的问题之一，是弄清楚为什么量子或然性恰恰具有这种特点，而非别的特点。或许如果能回答这个问题，我们就为提出下一个问题的最佳方式找到了线索。

无论如何，我们都需要明白，这种或然性并不意味着这个世界、我们的家园对我们隐藏着什么，只是经典物理学惯坏了我们，让我们对这个世界要求过高了。我们已经习惯于问出某物体是什么颜色、有多重、有多快这样的问题，并总能得到确定的答案，因而忘记了自己对于日常生活中的物体，依然有数不清的无知。我们以为自己能一直问下去，探索越来越细微的尺度，还总能得到答案。而一旦发现做不到，我们就感到受了大自然的亏待，并且说量子世界太"怪"了。

但这种说法应当到此为止了。大自然已经尽了力，是我们需要调整期望。别再囿于量子力学的"怪"了，现在就应该跳脱出来，更进一步。

致　谢

　　我在与 Cyril Branciard、恰斯拉夫·布鲁克纳、安德鲁·克莱兰、Yves Colombe、Matthew Fisher、克里斯·富克斯、达戈米尔·卡什利科夫斯基、约翰内斯·科夫勒、Anthony Laing、Franco Nori、Andrew Parry、桑杜·波佩斯库、吕迪格·沙克、Maximilian Schlosshauer、Luca Turin、Philip Walther 和沃伊切赫·楚雷克的讨论中受益良多。如果没有他们，本书中的错误可能成倍增加。他们让我愈加确信，总体来说，科学家是这个世界上最慷慨大方的学者群体。

　　对于作者而言，对书的物质方面和精神方面都十分了解的编辑是极为重要的。我很幸运能与 Jörg Hensgen 和 Stuart Williams 合作，他们给了我很多编辑上的建议，让本书有了合适的形态和风格。也多亏了我的经纪人 Clare

Alexander 的指引和支持，我才没有迷失方向。此外，David Milner 的文稿编辑也一向让我放心。

我要把这本书献给多年前尽力教我量子力学的两位朋友。我对 Peter Atkins 的感激很大程度上来自他在化学写作的方面给我的支持。Peter 在牛津大学给本科生上过一门令人印象深刻的课，当时我也坐在下面。斗转星移，他的优雅风度和清晰思路只增不减。我也曾随 Balázs Györffy 学习，虽然当时的我只是一个充满困惑的年轻化学系研究生，远未达到他的学识，但他总是和蔼而热情地鼓励我。他于 2012 年去世，但布里斯托大学物理系的所有人都无比怀念他宽阔的胸襟和对科学的热情。

梅兰（Mei Lan，音）*和小琥珀（Amber）让我发现，孩子乐意接受一切事物，甚至包括量子纠缠，他们是我们的希望。谢谢她们把森贝儿家族的动物玩具借给我，让我可以带着它们做量子讲座。

菲利普·鲍尔

2017 年 10 月，伦敦

---

* 作者在 2006 年收养了一名中国女婴，起名 Mei Lan。——译注

题记 邂逅量子：J. A. Wheeler, 'Delayed-choice experiments and the Bohr-Einstein dialogue', in *At Home in the Universe*, p. 130. American Institute of Physics, Woodbury NY, 1994.

题记 在（量子理论）的某处：E. T. Jaynes, 'Quantum Beats', in A. O. Barut (ed.), *Foundations of Radiation Theory and Quantum Electrodynamics*, p. 42. Plenum, New York, 1980.

题记 （量子力学）是一种特殊的混合物：E. T. Jaynes, in W. H. Zurek (ed.), *Complexity, Entropy, and the Physics of Information*, p. 381. Addison-Wesley, New York, 1990.

题记 我们永远不能忘记：quoted in Wheeler & Zurek (1983), p. 5.

题记 关于量子力学，最重要的教训或许就是：Aharonov et al. (2016), p. 532.

题记 我希望你能接受：R. Feynman, *QED: The Strange Theory of Light and Matter*, p. 10. Penguin, London, 1990.

001 这本书讲的就是这个：科学史家们会将此归功于 Steven Shapin 那影响力巨大、发人深省的著作 *The Scientific Revolution*, University of Chicago Press, Chicago, 1996.

001 我生下来的时候并不懂量子力学：M. Feynman (ed.), *The Quo-*

table Feynman, p. 329. Princeton University Press, Princeton, 2015.

009 我们不能假装理解它：同上，p. 210.

011 我想再次找回那种感觉：quoted in C. A. Fuchs, 'On participatory realism', in I. T. Durham & D. Rickles (eds), *Information and Interaction: Eddington, Wheeler, and the Limits of Knowledge*, p. 114. Springer, Cham., 2016.

014 我们悬浮在语言之中：quoted in A. Peterson, *Quantum Physics and the Philosophical Tradition*, p. 188. MIT Press, Cambridge MA, 1968.

015 ······不觉得头晕目眩：quoted by C. A. von Weizsäcker, in M. Drieschner (ed.), *Carl Friedrich von Weizsäcker: Major Texts in Physics*, p. 77. Springer, Cham., 2014.

019 偶尔有一些瞬间：Mermin (1998).

028 写给所有后悔······：Susskind & Friedman (2014), dust jacket.

035 它听起来完全是疯了：Farmelo (ed.) (2002), p. 22.

037 概率制造机的燃料：Omnès (1999), p. 155.

043 量子理论中以数学形式表述的自然定律：W. Heisenberg, *The Physicist's Conception of Nature*, transl. A. J. Pomerans, p. 15. Hutchinson, London, 1958.

053 从根本上限制了······：A. Zeilinger, 'On the interpretation and philosophical foundation of quantum mechanics', in U. Ketvel et al. (eds), *Vastakohtien todellisuus*, Festschrift for K. V. Laurikainen, p. 5. Helsinki University Press, Helsinki, 1996.

071 "量子世界"并不存在：quoted in A. Petersen, 'The Philosophy of Niels Bohr', *Bulletin of the Atomic Scientists* 19 (1963), 12.

075 人类与自然互动过程中······：Heisenberg (1958), op. cit., p. 29.

079 精神概念是我们唯一可知的现实：quoted in K. Ferguson, *Stephen Hawking: An Unfettered Mind* p. 433. St Martin's Griffin, London, 2017.

085 实验研究是推理模式：Omnès (1994), p. 147.

088 事实上，讨论光子的"路径"……: J. A. Wheeler, 'Law without law', in Wheeler & Zurek (eds) (1983), p. 192.

090 定义了哪个量（如哪条路径）……: C. F. von Weizsäcker (1941). 'Zur Deutung der Quantenmechanik', *Zeitschrift für Physik* 118, 489–509. Translated in Ma et al. 2016.

093 没有被观测到，那就不是现象: Wheeler (1983), op. cit.

102 我们的任务是……: quoted by J. Kalckar, 'Niels Bohr and his youngest disciples', in S. Rozental (ed.), *Niels Bohr: His Life and Work as Seen by His Friends and Colleagues*, p. 234. North-Holland, Amsterdam, 1967.

102 玻尔在表达方式上: C. F. von Weizsäcker, in Bastin (ed.) (1971), p. 33.

103 玻尔在本质上是对的: 同上, p. 28.

104 哥本哈根诠释率先占领了山头: Cushing (1994), p. 133.

109 分解为我的思想和你的思想: D. Bohm, *Thought as a System*, p. 19. Routledge, London, 1994.

125 假如不是有那么多的争论者: Englert (2013) [arxiv], p. 12.

126 没有什么逻辑必然性: Fuchs & Peres (2000), p. 70.

160 对当代量子理论堪称核心的……: Schrödinger (1935), p.555.

165 它并没有展现出我真正想要的样子: quoted in Harrigan & Spekkens (2007), p. 11.

168 因此我倾向于认为: quoted in Mermin (1985), p. 40.

170 我是一名量子工程师: quoted in Gisin (2001), p. 199.

177 未进行的实验没有结果: A. Peres, 'Unperformed experiments have no results', *American Journal of Physics* 46 (1978), 745.

181 它呈现给了我们一系列……: N. D. Mermin, *Boojums All the Way Through: Communicating Science in a Prosaic Age*, p. 174. Cambridge University Press, Cambridge, 1990.

201 活猫与死猫会……: E. Schrödinger, *Die Naturwissenschaften* 23 (1935), 807, 823, 844; English translation J. D. Trimmer, *Proceedings of the American Philosophical Society* 124 (1980), 323. Reprinted in Wheeler & Zurek (eds) (1983), p. 157.

203　那些（思想实验）案例中的……: 同上.

254　如果你要模拟自然: Feynman (1982), p. 486.

270　为加密者提供了一种牢不可破的方法: Brassard (2015), p. 9.

280　这相当于说: W. H. Zurek, 私下交流.

281　关于此事，我自己的感觉是: Gottesman, 私下交流.

288　每颗恒星、每个星系: B. S. DeWitt, 'The many-universes interpretation of quantum mechanics', in B. d'Espagnat (ed) *Proceedings of the International School of Physics 'Enrico Fermi'*, Course IL: Foundations of Quantum Mechanics. Academic Press, New York, 1971.

288　在这样的"多重宇宙"中: M. Tegmark, in *Scientific American*, May 2003. Reprinted in *Scientific American Cutting-Edge Science: Extreme Physics*, p. 114. Rosen, New York, 2008.

292　唯一令人震惊的是: Deutsch, in Saunders et al. (eds) (2010), p. 542.

293　过度强调了各量子事件带来的微小不同: Omnès (1994), p. 347.

294　我感到自己与平行宇宙中的……: quoted in Hooper (2014).

298　因为这样列夫死了的各世界……: Vaidman (2002).

301　最简单而明显的事实是: Peres (2002), pp. 1–2.

301　方程最终比语言更为基本: Tegmark (1997), p. 4.

319　你都会觉得自己好像身处……: Fuchs (2002), p. 1.

322　字面意义上的故事: Fuchs, 私下交流.

324　尽管人们对于这些悖论和难题: 同上.

326　量子力学本质上是一个关于……: Bub (2004), p. 1.

327　不管在实际应用中它有多正当且必要: Bell (1990), p. 34.

337　受最近一些新闻的激发: Cabello (2015), p. 1.

340　计数的本质: Aharonov et al. (2016), p. 532.

345　哪怕不是为了任何实际目的: Bell (2004), p. 214.

360　世界对我们的触碰很敏感: Fuchs (2002), p.

参考文献

'Arxiv' refers to the physics preprint server arxiv.org. These papers are accessible at http://arxiv.org/abs/[number].

Aczel, A. D. 2003. *Entanglement: The Greatest Mystery in Physics*. John Wiley, New York.

Aharonov, Y., Colombo, F., Popescu, S., Sabadini, I., Struppa, D. C. & Tollaksen, J. 2016. 'Quantum violation of the pigeonhole principle and the nature of quantum correlations', *Proceedings of the National Academy of Sciences USA* 113, 532–5.

Albert, D. 2014. 'Physics and narrative', in Struppa, D. C. & Tollaksen, J. (eds), *Quantum Theory: A Two-Time Success Story*, 171–82. Springer, Milan.

Al-Khalili, J. 2003. *Quantum: A Guide For the Perplexed*. Weidenfeld & Nicolson, London.

Arndt, M., Nairz, O., Vos-Andreae, J., Keller, C., van der Zouw, G. & Zeilinger, A. 1999. 'Wave-particle duality of C_{60} molecules', *Nature* 401, 680–2.

Aspect, A., Dalibard, J. & Roger, G. 1982. 'Experimental test of Bell's inequalities using time-varying analyzers', *Physical Review Letters* 69, 1804.

Aspect, A. 2015. 'Closing the door on Einstein and Bohr's debate', *Physics* 8, 123.

Aspelmeyer, M. & Zeilinger, A. 2008. 'A quantum renaissance', *Physics World*, July, 22–8.

Aspelmeyer, M., Meystre, P. & Schwab, K. 2012. 'Quantum optomechanics', *Physics Today*, July, 29–35.

Ball, P. 2008. 'Quantum all the way', *Nature* 453, 22–5.

Ball, P. 2013. 'Quantum quest', *Nature* 501, 154–6.

Ball, P. 2014. 'Questioning quantum speed', *Physics World* January, 38–41.

Ball, P. 2017. 'A world without cause and effect', *Nature* 546, 590–592.

Ball, P. 2017. 'Quantum theory rebuilt from simple physical principles', *Quanta* 30 August, www.quantamagazine.org/quantum-theory-rebuilt-from-simple-physical-principles-20170830/

Bastin, T. (ed.). 1971. *Quantum Theory and Beyond.* Cambridge University Press, London.

Bell, J. S. 1964. 'On the Einstein-Podolsky-Rosen paradox', *Physics* 1, 195–200.

Bell, J. S. 1990. 'Against measurement', *Physics World* August, 33–40.

Bell, J. S. 2004. *Speakable and Unspeakable in Quantum Mechanics: Collected Papers on Quantum Philosophy.* Cambridge University Press, Cambridge.

Bohm, D. & Hiley, B. 1993. *The Undivided Universe.* Routledge, London.

Bouchard, F., Harris, J., Mand, H., Bent, N., Santamato, E., Boyd, R. W. & Karimi, E. 2015. 'Observation of quantum recoherence of photons by spatial propagation', *Scientific Reports* 5:15330.

Branciard, C. 2013. 'Error-tradeoff and error-disturbance relations for incompatible quantum measurements', *Proceedings of the National Academy of Science USA* 110, 6742.

Brassard, G. 2005. 'Is information the key?', *Nature Physics* 1, 2.

Brassard, G. 2015. 'Cryptography in a quantum world', Arxiv: 1510.04256.

Brukner, Č. 2014. 'Quantum causality', *Nature Physics* 10, 259–63.

Brukner, Č. 2015. 'On the quantum measurement problem', Arxiv: 1507.05255.

Brukner, Č. & Zeilinger, A. 2002. 'Information and fundamental elements of the structure of quantum theory', Arxiv: quant-ph/0212084.

Bub, J. 1974. *The Interpretation of Quantum Mechanics.* Reidel, Dordrecht.

Bub, J. 1997. *Interpreting the Quantum World*. Cambridge University Press, Cambridge.

Bub, J. 2004. 'Quantum mechanics is about quantum information', Arxiv: quant-ph/0408020.

Buscemi, F., Hall, M. J. W., Ozawa, M. & Wilde, M. W. 2014. 'Noise and disturbance in quantum measurements: an information-theoretic approach', *Physical Review Letters* 112, 050401.

Busch, P., Lahti, P. & Werner, R. F. 2013. 'Proof of Heisenberg's error-disturbance relation', *Physical Review Letters* 111, 160405.

Cabello, A. 2015. 'Interpretations of quantum theory: a map of madness', Arxiv: 1509.04711.

Castelvecchi, D. 2015. 'Quantum technology probes ultimate limits of vision', *Nature News*, 15 June. http://www.nature.com/news/quantum-technology-probes-ultimate-limits-of-vision-1.17731.

Chiribella, G. 2012. 'Perfect discrimination of no-signalling channels via quantum superposition of causal structures', *Physical Review Letters A* 86, 040301(R).

Clauser, J. F., Horne, M. A., Shimony A. & Holt, R. A. 1969. 'Proposed experiment to test local hidden-variable theories', *Physical Review Letters* 23, 880–4.

Clifton, R., Bub, J. & Halvorson, H. 2003. 'Characterizing quantum theory in terms of information-theoretic constraints', *Foundations of Physics* 33, 1561.

Cox, B. & Forshaw, J. 2011. *The Quantum Universe: Everything That Can Happen Does Happen*. Allen Lane, London.

Crease, R. & Goldhaber, A. S. 2014. *The Quantum Moment*. W. W. Norton, New York.

Cushing, J. T. 1994. *Quantum Mechanics: Historical Contingency and the Copenhagen Hegemony*. University of Chicago Press, Chicago.

Deutsch, D. 1985. 'Quantum theory, the Church-Turing principle and the universal quantum computer', *Proceedings of the Royal Society A* 400, 97–117.

Deutsch, D. 1997. *The Fabric of Reality.* Penguin, London.

Devitt, S. J., Nemoto, K. & Munro, W. J. 2009. 'Quantum error correction for beginners', Arxiv: 0905.2794.

Einstein, A., Podolsky, B. & Rosen, N. 1935. 'Can quantum-mechanical description of physical reality be considered complete?', *Physical Review* 47, 777.

Englert, B.-G. 2013. 'On quantum theory', *European Physical Journal D* 67, 238. See Arxiv: 1308.5290.

Erhart, J., Sponar, S., Sulyok, G., Badurek, G., Ozawa, M. & Hasegawa, Y. 2012. *Nature Physics* 8, 185.

Everett, H. III. 1957. '"Relative state" formulation of quantum mechanics', *Reviews of Modern Physics* 29, 454.

Everett, H. III. 1956. 'The theory of the universal wave function', PhD thesis (long version). Available at http://ucispace.lib.uci.edu/handle/10575/1302.

Farmelo, G. (ed.). 2002. *It Must Be Beautiful: Great Equations of Modern Science.* Granta, London.

Falk, D. 2016. 'New support for alternative quantum view', *Quanta*, 16 May. https://www.quantamagazine.org/20160517-pilot-wave-theory-gains-experimental-support/.

Feschbach, H., Matsui, T. & Oleson, A. (eds). 1988. *Niels Bohr: Physics and the World.* Harwood Academic, Chur.

Feynman, R. 1982. 'Simulating physics with computers', *International Journal of Theoretical Physics* 21, 467–88.

Fuchs, C. A. & Peres, A. 2000. 'Quantum theory needs no "interpretation"', *Physics Today*, March, 70–1.

Fuchs, C. A. 2001. 'Quantum foundations in the light of quantum information', Arxiv: quant-ph/0106166.

Fuchs, C. A. 2002. 'Quantum mechanics as quantum information (and only a little more)', Arxiv: quant-ph/0205039.

Fuchs, C. A. 2010. 'QBism, the perimeter of Quantum Bayesianism', Arxiv: 1003.5209.

Fuchs, C. A. 2012. 'Interview with a Quantum Bayesian', Arxiv: 1207.2141.

Fuchs, C. A., Mermin, N. D. & Schack, R. 2014. 'An introduction to QBism with an application to the locality of quantum mechanics', *American Journal of Physics* 82, 749–54. See Arxiv: 1311.5253.

Fuchs, C. A. 2016. 'On participatory realism', Arxiv: 1601.04360.

Gerlich, S., Eibenberger, S., Tomandl, M., Nimmrichter, S., Hornberger, K., Fagan, P. J., Tüxen, J., Mayor, M. & Arndt, M. 2011. 'Quantum interference of large organic molecules', *Nature Communications* 2, 263.

Ghirardi, G. C., Rimini, A. & Weber, T. 1986. 'An explicit model for a unified description of microscopic and macroscopic systems', *Physical Review D* 34, 470.

Gibney, E. 2014. 'Quantum computer quest', *Nature* 516, 24.

Gisin, N. 2002. 'Sundays in a quantum engineer's life', in R. A. Bertlmann & A. Zeilinger (eds), *Quantum [Un]speakable*, 199–208. Springer, Berlin. See Arxiv: quant-ph/0104140.

Giustina, M. et al. 2013. 'Bell violations using entangled photons without the fair-sampling assumption', *Nature* 497, 227–30.

Greene, B. 2012. *The Hidden Reality: Parallel Universes and the Deep Laws of the Cosmos*. Penguin, London.

Gribbin, J. 1985. *In Search of Schrödinger's Cat*. Black Swan, London.

Grinbaum, A. 2007. 'Reconstruction of quantum theory', *British Journal for the Philosophy of Science* 58, 387–408.

Gröblacher, S. et al. 2007. 'An experimental test of non-local realism', *Nature* 446, 871–5.

Guérin, P. A., Feix, A., Araújo, M. & Brukner, C. 2016. 'Exponential communication complexity advantage from quantum superposition of the direction of communication', *Physical Review Letters* 117, 100502.

Hackermüller, L., Hornberger, K., Brezger, B., Zeilinger, A. & Arndy, M. 2004. 'Decoherence of matter waves by thermal emission of radiation', *Nature* 427, 711–14.

Hardy, L. 2001. 'Quantum theory from five reasonable axioms', Arxiv: quant-ph/0101012.

Hardy, L. 2001. 'Why quantum theory?', Arxiv: quant-ph/0111068.

Hardy, L. 2007. 'Quantum gravity computers: on the theory of computation with indefinite causal structure', Arxiv: quant-ph/0701019.

Hardy, L. 2011. 'Reformulating and reconstructing quantum theory', Arxiv: 1104.2066.

Hardy, L. & Spekkens, R. 2010. 'Why physics needs quantum foundations', Arxiv: 1003.5008.

Harrigan, N. & Spekkens, R. W. 2007. 'Einstein, incompleteness, and the epistemic view of quantum states', Arxiv: 0706.2661.

Hartle, J. B. 1997. 'Quantum cosmology: problems for the 21st century', Arxiv: gr-qc/9210006.

Heisenberg, W. 1927. 'Über den anschaulichen Inhalt der quantentheoretischen Kinematik und Mechanik', *Zeitschrift für Physik* 43, 172–98.

Hensen, B. et al. 2015. 'Experimental loophole-free violation of a Bell inequality using entangled electron spins separated by 1.3 km', Arxiv: 1508.05949.

Hooper, R. 2014. 'Multiverse me: Should I care about my other selves?', *New Scientist*, 24 September.

Hornberger, K., Uttenthaler, S., Brezger, B., Hackermüller, L., Arndt, M. & Zeilinger, A. 2003. 'Collisional decoherence observed in matter wave interferometry', Arxiv: quant-ph/0303093.

Howard, D. 2004. 'Who invented the "Copenhagen Interpretation"? A study in mythology', *Philosophy of Science* 71, 669–82.

Howard, M., Wallman, J., Veitch, V. & Emerson, J. 2014. 'Contextuality supplies the magic for quantum computation', *Nature* 510, 351–5.

Jeong, H., Paternostro, M. & Ralph, T. C. 2009. 'Failure of local realism revealed by extremely-coarse-grained measurements', *Physical Review Letters* 102, 060403.

Jeong, H., Lim, Y. & Kim, M. S. 2014. 'Coarsening measurement references and the quantum-to-classical transition. *Physical Review Letters* 112, 010402.

量子力学，怪也不怪

Joos, E., Zeh, H. D., Kiefer, C., Giulini, D. J. W., Kupsch, J. & Stamatescu, I.-O. 2003. *Decoherence and the Appearance of a Classical World in Quantum Theory*, 2nd edn. Springer, Berlin.

Kaltenbaek, R., Hechenblaikner, G., Kiesel, N., Romero-Isart, O., Schwab, K. C., Johann, U. & Aspelmeyer, M. 2012. 'Macroscopic quantum resonators', Arxiv: 1201.4756.

Kandea, F., Baek, S.-Y., Ozawa, M. & Edamatsu, K. 2014. *Physical Review Letters* 112, 020402.

Kastner, R. E., Jeknić-Dugić, J. & Jaroszkiewicz, G. 2016. *Quantum Structural Studies: Classical Emergence From the Quantum Level.* World Scientific, Singapore.

Kent, A. 1990. 'Against Many Worlds interpretation', *International Journal of Modern Physics A* 5, 1745.

Kent, A. 2014. 'Our quantum problem', *Aeon*, 28 January. https:// aeon.co/essays/what-really-happens-in-schrodinger-s-box.

Kent, A. 2014. 'Does it make sense to speak of self-locating uncertainty in the universal wave function? Remarks on Sebens and Carroll', Arxiv: 1408.1944.

Kent, A. 2016. 'Quanta and qualia', Arxiv: 1608.04804.

Kirkpatrick, K. A. 2003. ' "Quantal" behavior in classical probability', *Foundations of Physics* 16, 199–224.

Knee, G. C. et al. 2012. 'Violation of a Leggett-Garg inequality with ideal non-invasive measurements', *Nature Communications* 3, 606.

Kofler, J. & Brukner, C. 2007. 'Classical world arising out of quantum physics under the restriction of coarse-grained measurements', *Physical Review Letters* 99, 180403.

Kumar, M. 2008. *Quantum: Einstein, Bohr and the Great Debate About the Nature of Reality.* Icon, London.

Kunjwal, R. & Spekkens, R. W. 2015. 'From the Kochen-Specker theorem to noncontextuality inequalities without assuming determinism', Arxiv: 1506.04150.

Kurzynski, P., Cabello, A. & Kaszlikowski, D. 2014. 'Fundamental monogamy relation between contextuality and nonlocality', *Physical Review Letters* 112, 100401.

Lee, C. W. & Jeong, H. 2011. 'Quantification of macroscopic quantum superposition's within phase space', *Physical Review Letters* 106, 220401.

Leggett, A. J. & Garg, A. 1985. 'Quantum mechanics versus macroscopic realism: is the flux there when nobody looks?', *Physical Review Letters* 54, 857.

Li, T. & Yin, Z.-Q. 2015. 'Quantum superposition, entanglement, and state teleportation of a microorganism on an electromechanical oscillator', Arxiv: 1509.03763.

Lindley, D. 1997. *Where Does the Weirdness Go?* Vintage, London.

Lindley, D. 2008. *Uncertainty: Einstein, Heisenberg, Bohr, and the Struggle for the Soul of Science*. Doubleday, New York.

Ma, X.-S., Kofler, J. & Zeilinger, A. 2015. '*Delayed-choice gedanken experiments and their realization*', Arxiv: 1407.2930.

Mayers, D. 1997. 'Unconditionally secure quantum bit commitment is impossible', Arxiv: quant-ph/9605044.

Merali, Z. 2011. 'Quantum effects brought to light', *Nature News*, 28 April. http://www.nature.com/news/2011/110428/full/news.2011.252.html.

Merali, Z. 2011. 'The power of discord', *Nature* 474, 24–6.

Mermin, N. D. 1985. 'Is the moon there when nobody looks? Reality and the quantum theory', *Physics Today*, April, 38–47.

Mermin, N. D. 1993. 'Hidden variables and the two theorems of John Bell', *Reviews of Modern Physics* 65, 803.

Mermin, N. D. 1998. 'The Ithaca interpretation of quantum mechanics', *Pramana* 51, 549–65. See Arxiv: quant-ph/9609013.

Musser, G. 2015. *Spooky Action at a Distance*. Farrar, Straus & Giroux, New York.

Nairz, O., Arndt, M. & Zeilinger, A. 2003. 'Quantum interference with large molecules', *American Journal of Physics* 71, 319–25.

Ollivier, H., Poulin, D. & Zurek, W. H. 2009. 'Environment as a witness: selective proliferation of information and emergence of objectivity in a quantum universe', *Physical Review A* 72, 423113.

Omnès, R. 1994. *The Interpretation of Quantum Mechanics*. Princeton University Press, Princeton.

Omnès, R. 1999. *Quantum Philosophy*. Princeton University Press, Princeton.

Oreshkov, O., Costa, F. & Brukner, C. 2012. 'Quantum correlations with no causal order', *Nature Communications* 3, 1092.

Ozawa, M. 2003. 'Universally valid reformulation of the Heisenberg uncertainty principle on noise and disturbance in measurement', *Physical Review A* 67, 042105.

Palacios-Laloy, A., Mallet, F., Nguyen, F., Bertet, P., Vion, D., Esteve, D. & Korotkov, A. N. 2010. 'Experimental violation of a Bell's inequality in time with weak measurement', *Nature Physics* 6, 442–7.

Pawlowski, M., Paterek, T., Kaszlikowski, D., Scarani, V., Winter, A. & Zukowski, M. 2009. 'Information causality as a physical principle', *Nature* 461, 1101–4.

Peat, F. D. 1990. *Einstein's Moon: Bell's Theorem and the Curious Quest for Quantum Reality*. Contemporary Books, Chicago.

Peres, A. 1997. 'Interpreting the quantum world' (book review), Arxiv: quant-ph/9711003.

Peres, A. 2002. 'What's wrong with these observables?', Arxiv: quant-ph/0207020.

Pomarico, E., Sanguinetti, B., Sekatski, P. & Gisin, N. 2011. 'Experimental amplification of an entangled photon: what if the detection loophole is ignored?', Arxiv: 1104.2212.

Popescu, S. & Rohrlich, D. 1997. 'Causality and nonlocality as axioms for quantum mechanics', Arxiv: quant-ph/9709026.

Popescu, S. 2014. 'Nonlocality beyond quantum mechanics', *Nature Physics* 10, 264.

Procopio, L. M. et al. 2015. 'Experimental superposition of orders of quantum gates', *Nature Communications* 6, 7913.

Pusey, M. F., Barrett, J. & Rudolph, T. 2012. 'On the reality of the quantum state', Arxiv: quant-ph/1111.3328.

Riedel, C. J. & Zurek, W. H. 2010. 'Quantum Darwinism in an everyday environment: huge redundancy in scattered photons', *Physical Review Letters* 105, 020404.

参考文献

Riedel, C. J., Zurek, W. H. & Zwolak, M. 2013. 'The objective past of a quantum universe – Part I: Redundant records of consistent histories', Arxiv: 1312.0331.

Ringbauer, M., Duffus, B., Branciard, C., Cavalcanti, E. G., White, A. G. & Fedrizzi, A. 2015. 'Measurements on the reality of the wavefunction', *Nature Physics* 11, 249–54.

Rohrlich, D. 2014. 'PR-box correlations have no classical limit', Arxiv:1407.8530.

Romero-Isart, O., Juan, M. L., Quidant, R. & Cirac, J. I. 2009. 'Towards quantum superposition of living organisms', Arxiv: 0909.1469.

Rowe, M. A., Kielpinski, D., Meyer, V., Sackett, C. A., Itano, W. M., Monroe, C. & Wineland, D. J. 2001. 'Experimental violation of a Bell's inequality with efficient detection', *Nature* 409, 791–4.

Rozema, L. A., Darabi, A., Mahler, D. H., Hayat, A., Soudagar, Y. & Steinberg, A. M. 2012. 'Violation of Heisenberg's measurement-disturbance relationship by weak measurements', *Physical Review Letters* 109, 100404.

Saunders, S., Barrett, J., Kent, A. & Wallace, D. (eds). 2010. *Many Worlds? Everett, Quantum Theory, and Reality*. Oxford University Press, Oxford.

Schack, R. 2002. 'Quantum theory from four of Hardy's axioms', Arxiv: quant-ph/0210017.

Scheidl, T. et al. 2010. 'Violation of local realism with freedom of choice', *Proceedings of the National Academy of Sciences USA* 107, 19708–13.

Schlosshauer, M. 2007. *Decoherence and the Quantum-to-Classical Transition*. Springer, Berlin.

Schlosshauer, M. (ed.). 2011. *Elegance and Enigma: The Quantum Interviews*. Springer, Berlin.

Schlosshauer, M. 2014. 'The quantum-to-classical transition and decoherence', Arxiv: 1404.2635.

Schlosshauer, M., Kofler, J. & Zeilinger, A. 2013. 'A snapshot of foundational attitudes toward quantum mechanics', *Studies in the History and Philosophy of Modern Physics* 44, 222–30.

Schlosshauer, M. & Fine, A. 2014. 'No-go theorem for the composition of quantum systems', *Physical Review Letters* 112, 070407.

Schreiber, Z. 1994. 'The nine lives of Schrödinger's cat', Arxiv: quant-ph/9501014.

Schrödinger, E. 1935. 'Discussion of probability relations between separated systems', *Mathematical Proceedings of the Cambridge Philosophical Society* 31, 555–63.

Schrödinger, E. 1936. 'Probability relations between separated systems', *Mathematical Proceedings of the Cambridge Philosophical Society* 32, 446–52.

Sorkin, R. D. 1994. 'Quantum mechanics as quantum measure theory', Arxiv: gr-qc/9401003.

Spekkens, R. W. 2007. 'In defense of the epistemic view of quantum states: a toy theory', *Physical Review A* 75, 032110.

Susskind, L. & Friedman, A. 2014. *Quantum Mechanics: The Theoretical Minimum.* Allen Lane, London.

Tegmark, M. 1997. 'The interpretation of quantum mechanics: many worlds or many words?', Arxiv: quant-ph/9709032.

Tegmark, M. 2000. 'Importance of quantum decoherence in brain processes', *Physical Review E* 61, 4194.

Tegmark, M. & Wheeler, J. A. 2001. '100 years of the quantum', Arxiv: quant-ph/0101077.

Timpson, C. G. 2004. Quantum information theory and the foundations of quantum mechanics. PhD thesis, University of Oxford. See arxiv: quant-ph/0412063.

Tonomura, A., Endo, J., Matsuda, T., Kawasaki, T. & Ezawa, H. 1989. 'Demonstration of single-electron buildup of an interference pattern', *American Journal of Physics* 57, 117–120.

Vaidman, L. 1996. 'On schizophrenic experiences of the neutron, or Why we should believe in the Many Worlds interpretation of quantum theory', Arxiv: quant-ph/9609006.

Vaidman, L. 2002, revised 2014. 'Many-Worlds Interpretation of quantum mechanics', in E. N. Zalta (ed.), *Stanford Encyclopedia of Philosophy.* https://plato.stanford.edu/entries/qm-manyworlds/.

Vedral, V. 2010. *Decoding Reality: The Universe as Quantum Informa-tion.* Oxford University Press, Oxford.

Wallace, D. 2002. 'Worlds in the Everett interpretation', *Studies in the History and Philosophy of Modern Physics* 33, 637.

Wallace, D. 2012. *The Emergent Multiverse.* Oxford University Press, Oxford.

Weihs, G., Jennewein, T., Simon, C., Weinfurter, H. & Zeilinger, A. 1998. 'Violation of Bell's inequality under strict Einstein locality conditions', *Physical Review Letters* 81, 5039.

Wheeler, J. & Zurek, W. H. (eds). 1983. *Quantum Theory and Mea-surement.* Princeton University Press, Princeton.

Wootters, W. K. & Zurek, W. H. 2009. 'The no-cloning theorem', *Physics Today*, February, 76–7.

Zeilinger, A. 1999. 'A foundational principle for quantum mechanics', *Foundations of Physics* 29, 631–43.

Zeilinger, A. 2006. 'Essential quantum entanglement', in G. Fraser (ed.), *The New Physics.* Cambridge University Press, Cambridge.

Zeilinger, A. 2010. *Dance of the Photons.* Farrar, Straus & Giroux, New York.

Zukowski, M. & Brukner, Č. 2015. 'Quantum non-locality: It ain't necessarily so ...', Arxiv: 1501.04618.

Zurek, W. H. (ed.). 1990. *Complexity, Entropy and the Physics of Infor-mation.* Addison-Wesley, Redwood City CA.

Zurek, W. H. 2003. 'Decoherence, einselection, and the quantum origins of the classical', Arxiv: quant-ph/0105127.

Zurek, W. H. 2005. 'Probabilities from entanglement, Born's rule $p_k=|\Psi_k|^2$ from envariance', Arxiv: quant-ph/0405161.

Zurek, W. H. 2009. 'Quantum Darwinism', Arxiv: 0903.5082.

Zurek, W. H. 2014. 'Quantum Darwinism, decoherence and the randomness of quantum jumps', *Physics Today*, October, 44.

Zurek, W. H. 1998. 'Decoherence, chaos, quantum-classical cor-respondence, and the algorithmic arrow of time', Arxiv: quant-ph/9802054.Beyond Weird

人名表

A

阿恩特，马库斯：Markus Arndt

阿哈罗诺夫，亚基尔：Yakir Aharonov

阿罗什，塞尔日：Serge Haroche

阿斯佩，阿兰：Alain Aspect

阿斯佩尔迈尔，马库斯：Markus Aspelmeyer

埃弗里特三世，休：Hugh Everett III

埃莫森，约瑟夫：Joseph Emerson

爱因斯坦，阿尔伯特：Albert Einstein

奥本海默，J. 罗伯特：J. Robert Oppenheimer

B

贝尔，约翰：John Bell

贝内特，查尔斯：Charles Bennett

贝叶斯，托马斯：Thomas Bayes

比尔，伍特斯：Bill Wootters

波多尔斯基，鲍里斯：Boris Podolsky

波佩斯库，桑杜：Sandu Popescu

玻恩，马克斯：Max Born

玻尔，尼尔斯：Niels Bohr

博姆，戴维：David Bohm

柏拉图：Plato

布勃，杰弗里：Jeffrey Bub

布拉萨尔，吉勒：Gilles Brassard

布鲁克纳，恰斯拉夫：Časlav Brukner

C

蔡林格，安东：Anton Zeilinger

策，H. 迪特尔：H Dieter Zeh

楚雷克，沃伊切赫：Wojciech Zurek

D

达尔文，查尔斯：Charles Darwin

戴维孙，克林顿：Clinton Davisson

德布罗意，路易：Louis de Broglie

德威特，布赖斯：Bryce DeWitt

狄拉克，保罗：Paul Dirac

迪欧希，拉约什：Lajos Diósi

多伊奇，戴维：David Deutsch

E

恩勒特，贝托尔德-格奥尔格：Berthold-Georg Englert

F

法拉第，迈克尔：Michael Faraday

范登内斯特，马尔滕：Maarten van den Nest

费曼：理查德，Richard Feynman

弗雷恩，迈克尔，Michael Frayn

弗里德曼，阿特：Art Friedman

弗里德曼，斯图尔特：Stuart Freedman

G

哥特斯曼，丹尼尔：Daniel Gottesman

格拉赫，瓦尔特：Walter Gerlach

格里菲思，罗伯特：Robert Griffiths

格林，布莱恩：Brian Greene

格罗弗，洛夫：Lov Grover

革末，莱斯特：Lester Germer

盖尔曼，默里：Murray Gell-Man

古德斯米特，萨缪尔：Samuel Goudsmit

H

哈迪，卢西恩：Lucien Hardy

哈特尔，詹姆斯：James Hartle

哈特尔，詹姆斯：James

海德格尔，马丁：Martin Heidegger

汉森，罗纳德：Ronald Hanson

胡塞尔，埃德蒙：Edmund Husserl

华莱士，戴维：David Wallace

惠勒，约翰·阿奇博尔德：John Archibald Wheeler

霍恩，迈克尔：Michael Horne

霍尔沃森，汉斯：Hans Halvorson

霍金，斯蒂芬：Stephen Hawking

J

基里贝拉，朱利奥：Giulio Chiribella

吉拉尔迪，吉安卡洛：Giancarlo Ghirardi

加格，阿奴帕姆：Anupam Garg

杰恩斯，埃德温：Edwin Jaynes

K

卡罗尔，肖恩：Sean Carroll

卡什利科夫斯基，达戈米尔：Dagomir Kaszlikowski

卡韦略，阿丹：Adán Cabello

凯夫斯，卡尔顿：Carlton Caves

康德，伊曼纽尔：Imannuel Kant

科夫勒，约翰内斯：Johannes Kofler

科亨，西蒙：Simon Kochen

克莱兰，安德鲁：Andrew Cleland

克劳泽，约翰：John Clauser

克里斯［托弗］，富克斯：Chris[topher] Fuchs

克利夫顿，罗布：Rob Clifton

克罗尼希，拉尔夫：Ralph Kronig

肯纳德，厄尔·赫西：Earle Hesse Kennard

库欣，詹姆斯：James Cushing

L

莱格特，安东尼：Anthony Leggett

里德尔，耶斯：Jess Riedel

里米尼，阿尔贝托：Alberto Rimini

卢瑟福：欧内斯特：Ernest Rutherford

罗尔利希，达尼埃尔：Daniel Rohrlich

罗梅罗–伊萨尔特，奥里奥尔：Oriol Romero-Isart

罗森，内森：Nathan Rosen

M

马尔达塞纳，胡安：Juan Maldacena

迈耶斯，多米尼克：Dominic Mayers

默明，戴维：David Mermin

缪勒，马库斯：Markus Müller

N

尼费尼格，奥德丽：Audrey Niffenegger

牛顿，艾萨克：Isaac Newton

诺依曼，约翰·冯：John von Neumann

P

帕夫洛夫斯基，马尔钦：Marcin Pawlowski

帕特洛，格温妮丝：Gwyneth Paltrow

派斯，亚伯拉罕：Abraham Pais

泡利，沃尔夫冈：Wolfgang Pauli

佩雷斯，阿舍：Asher Peres

彭罗斯，罗杰：Roger Penrose

普朗克，马克斯：Max Planck

S

萨斯坎德，伦纳德：Leonard Susskind

沙克，吕迪格：Ruediger Schack

施佩克尔，恩斯特：Ernst Specker

施特恩，奥托：Otto Stern

施温格，朱利安：Julian Schwinger

斯托帕德，汤姆：Tom Stoppard

T

泰格马克，马克斯：Max Tegmark

汤姆孙，乔治·佩吉特：George Paget Thomson

W

瓦伊德曼，列夫：Lev Vaidman

维斯纳，斯蒂芬：Stephen Wiesner

维特根斯坦，路德维希：Ludwig
　　Wittgenstein

韦伯，图利奥：Tullio Weber

魏茨泽克，卡尔·冯：Carl von
　　Weizsäcker

魏格纳，尤金：Eugene Wigner

温特森，珍妮特：Jeanette
　　Winterson

翁内斯，罗兰：Roland Omnès

沃森，托马斯：Thomas Watson

乌伦贝克，乔治：George
　　Uhlenbeck

伍特斯，比尔：Bill Wootters

X

希格斯，彼得：Peter Higgs

西拉克，伊格纳齐奥：Ignacio
　　Cirac

小泽正直：Masanao Ozawa

肖尔，彼得：Peter Shor

休谟，大卫：David Hume

薛定谔，埃尔温：Erwin
　　Schrödinger

Y

亚基尔，阿哈罗诺夫：Yakir
　　Aharonov

亚里士多德：Aristotle

杨，托马斯：Thomas Young

约当，帕斯夸尔：Pascual Jordan

Z

詹姆斯，威廉：William James

朝永振一郎：Sin-Itiro Tomonaga